高压下典型单质
和二元氢化物的理论研究

庄　全　著

哈尔滨工程大学出版社
Harbin Engineering University Press

内容简介

本书对高压下固态氢及氢化物进行了简单介绍,对第一性原理计算的相关理论基础、常见软件的安装与使用等进行了讲解;结合固态氢及几种典型氢化物在高压下的结构、金属性演化、电子结构、超导电性理论等内容进行了计算分析,并对相关软件方法的使用进行了较为详细的阐述。

本书可作为高压下凝聚态物质理论与计算机模拟等相关专业学生的入门参考书。

图书在版编目(CIP)数据

高压下典型单质和二元氢化物的理论研究/庄全著. —
哈尔滨: 哈尔滨工程大学出版社, 2020.12
ISBN 978 – 7 – 5661 – 2862 – 1

①高… Ⅱ. ①庄… Ⅲ. ①高压物理学 ②二氢
化物 Ⅳ. ①O521②O613.2

中国版本图书馆 CIP 数据核字(2020)第 233598 号

高压下典型单质和二元氢化物的理论研究
GAOYA XIA DIANXING DANZHI HE ERYUAN QINGHUAWU DE LILUN YANJIU

选题策划	雷　霞	
责任编辑	丁　伟	
封面设计	刘长友	

出版发行	哈尔滨工程大学出版社
社　　址	哈尔滨市南岗区南通大街 145 号
邮政编码	150001
发行电话	0451 – 82519328
传　　真	0451 – 82519699
经　　销	新华书店
印　　刷	北京中石油彩色印刷有限责任公司
开　　本	787 mm ×960 mm　1/16
印　　张	13.25
字　　数	252 千字
版　　次	2020 年 12 月第 1 版
印　　次	2020 年 12 月第 1 次印刷
定　　价	49.80 元

http://www.hrbeupress.com
E-mail:heupress@ hrbeu. edu. cn

前　　言

压力作为一种基本的热力学变量,可以用来调控材料的结构及物理化学性质。高压条件下的固态氢和氢化物被认为是高温超导体的候选材料,并被进行了广泛的研究。基于密度泛函理论的第一性原理计算方法可为相关领域的实验研究提供理论指导和数据支撑,并可在某些实验无法达到抑或是相关测量无法进行的极端条件下,对物质的性质进行较为准确的预测。

本书对第一性原理计算的相关基础知识和软件方法进行了介绍,并结合高压下固态氢及几种典型氢化物的理论研究实例对相关软件在结构、性质的预测与分析等方面进行了较为详细的阐述。本书内容主要分为以下几个部分:第 1 章,高压下固态氢及氢化物的研究简介,对高压下固态氢及氢化物的理论和实验的研究背景进行简单介绍;第 2 章,理论基础与计算方法,对本书中涉及的相关理论基础进行了介绍,并对第一性原理计算常用软件的安装及使用进行了说明;第 3 章,固态氢金属化压力和演化路径理论研究,对固态氢的金属化行为以及超导电性进行了详细的分析;第 4 章至第 6 章分别对钽(Ta)、钒(V)、钛(Ti)三种过渡金属元素的氢化物在高压下的结构、电子结构、超导电性进行了介绍和分析;第 7 章,高压下 MH_3 ($M = S$, Ti, V, Se)立方型氢化物超导机制探究,分析了 MH_3 中光学支声子散射电子强度对超导机制的调控作用。

本书在编写过程中得到了很多同行、专家的帮助和支持,在这里致以诚挚的谢意。另外,在本书编写过程中,借鉴了一些专家、学者的文献著述,由于各方面条件限制,无法一一取得联系,在此一并表示感谢!

由于作者水平有限,加之时间仓促,书中难免存在不足之处,敬请读者批评指正。

著　者
2020 年 10 月

目　　录

第1章 高压下固态氢及氢化物的研究简介

1.1 高压的作用

压力是一个基本的热力学变量,它可以减小原子间的距离,并且改变电子轨道及成键模式,进而改变材料的性质。高压也是寻找新型材料的一种有力的手段。高压可以泛指一切高于常压的条件。国际单位制中,压力的单位是帕斯卡(Pa),$1 \text{ Pa} = 1 \text{ kg}/(\text{m} \cdot \text{s}^2)$,在高压科学研究中,比较常用的压力单位有 GPa 和 kbar 等,常用的压力单位转换关系如图 1-1 所示。

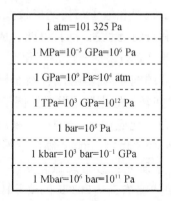

图 1-1 常用的压力单位转换关系

高压被广泛地应用在地球科学、凝聚态物理、化学、材料科学等很多研究领域中。地球中心的压力大约为 360 GPa(图 1-2),太阳中心的压力大约为 10^7 GPa,木星中心的压力大约为 10^4 GPa,高压可以作为一种有效的手段来探究地球内部物质及其存在形式,以及探究宇宙中其他星球上的物质结构。在凝聚态物理研究中,可以使用高压来研究结构的相变、相变机制、晶体结构及物理性质的改变等。同时,高压也可以作为合成新型材料(如超硬材料、高能材料及高温超导体等)的重要手段,这使得高压在化学和材料科学等方面也有着广泛的应用。

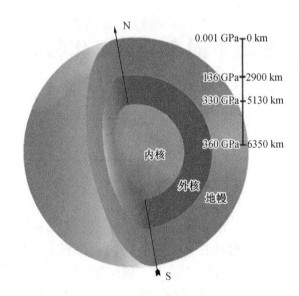

图 1 - 2 地球内部压力示意图

高压可对物质内部原子轨道和电子结构造成较大的影响,进而可能会导致物质在高压下有新的形态和奇特的性质,也有可能合成一些常压下无法存在的结构。最广为人知的例子就是对石墨加压可得到硬度很高的人造金刚石。压力改变了两个碳的同素异形体的能量高低顺序,使得金刚石比石墨在能量上更为稳定,同时也克服了两相之间转变的势垒。类似的例子,立方氮化硼(c - BN)也是在压力的作用下通过六角氮化硼(BN)合成的。高压条件也会使得一些常压下不能稳定存在的化学组分变得稳定。例如,高压下不同寻常配比的氯化钠(如 Na_3Cl 和 $NaCl_3$);一些碱土金属或过渡金属氮化物;一些富氢化合物(如 KH_6、H_3S),其中 H_3S 被实验验证了具有高达 203 K 的超导转变温度(T_c),打破了之前超导转变温度的纪录。高压可以使一些常压下不存在的结构和组分变得稳定,从而为探索材料 - 性质的关系提供了一个新的自由度。压力也会导致绝缘体或者半导体的金属化,一些常压下的绝缘体或者半导体在压力的作用下会变成超导体,即压致金属化行为,所以压致金属化是寻找新的超导体的一个方向。同时,压力也会导致一些金属(如单质 Li、Na,化合物 CLi_4)出现反常的反金属化行为。压致反金属化行为的研究对于其中更深层次的物理机制的探索是很有帮助的。如此丰富的结构和奇特的性质使得高压研究逐步进入人们的视野当中,成为一门快速发展的学科。

最早的高压实验可以追溯到 18 世纪中期 Jone Canton 对水做的压缩实验,他证明了水是可以被压缩的。在 19 世纪末期 Amagat 创造活塞式压力机并打下压力计量基础之前,高压实验基本上仅限于对液体压缩性的观察。20 世纪以前,高压物理实验一直是在低于 0.5 GPa 压力下进行的。1906 年到 20 世纪 60 年代,美国物理学家 P. W. Bridgemen 大大推动了高压实验技术的发展,并且在压力条件下,对固体的熔化现象、电阻变化规律、相变、压缩性等诸多宏观物理行为进行了极为广泛的研究。布里奇曼因其对高压现象的前驱性研究及其在推动高压物理学科发展方面做出的杰出贡献而获得了 1946 年的诺贝尔物理学奖。1959 年,高压物理的研究开始进入金刚石对顶砧(diamond anvil cell, DAC)时代,相比之前,该装置可以产生很高的压力。毛河光院士和 P. M. Bell 教授在 1978 年设计出的 Mao - Bell 型 DAC 压腔装置(图 1 - 3),目前可达到的最高压力为 550 GPa。目前的高压实验中除了上述提及的静高压实验技术之外,还有基于冲击波技术的动高压实验技术,其产生的压力可达数千万个大气压(TPa 量级)。然而冲击波的瞬态特性意味着样品通常难以达到热力学平衡,因此在研究材料性质的时候会有很大的不确定性。

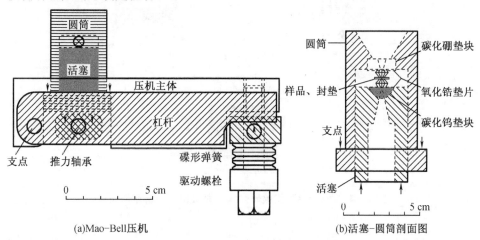

图 1 - 3　Mao - Bell 型 DAC 压腔装置

随着高压科学的发展和高压实验技术的提高,高压下的测试手段也得到了蓬勃发展,如 X 射线和中子衍射,拉曼(Raman)光谱,红外光谱,布里渊散射,可见光和 X 光吸收发射光谱;同时,也可以通过嵌入式电极和测量电路进行电学和磁学性质的测量。目前,国内外的高压实验技术都有了很大发展,但也存在着一定的局限性,如耗费高、实验周期长,同时,在压力较高的情况下,很多性质的测量仍然存在着巨大的挑战。所以,计算机模拟是进行高压研究的另一种非常有效的手段。

1.2　计算材料科学

在当今的科学研究中,所使用的理论模型和研究体系都比较复杂,理论上需要的计算量非常大,仅仅凭传统的解析推导方法对很多问题无法求解。比如,除了关于氢分子离子(二氢阳离子)的结果之外,量子多体问题不能以解析方式求解,更不能用闭合形式求解。计算材料科学开辟了一条新的道路,即利用计算机强大的运算能力去解决复杂体系的科学问题,并且得到迅猛发展,成为目前材料科学研究中必不可少的研究手段。理论研究、实验研究和计算机模拟的三角形关系如图 1－4 所示。

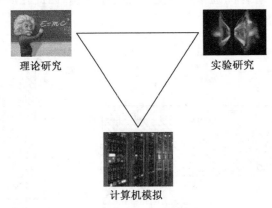

理论研究　　　　　　　　　实验研究

计算机模拟

图 1－4　理论研究、实验研究和计算机模拟的三角形关系

计算材料科学主要包含两方面:一方面是从理论方法出发,与有效的计算机程序相结合,对材料的结构和性质进行计算与预测;另一方面是从实验数据出发,通过一些数值计算方法或是合理数学模型的建立,对实际过程进行比较合理的模拟,对实验提供指导和支撑。前者使得材料的研究开发更具前瞻性;后者有助于使特定材料体系的实验结果上升为一般的理论,因此,计算材料科学架起了材料学理论和实验研究的桥梁。

目前,随着社会的进步和科学研究的深入,对材料性能的要求也在不断提高,某些功能材料的研究已经进入电子层次。因此,实验难度和成本在不断提高,仅仅依靠实验来进行材料研究已经难以满足现代科学研究的需求。计算机模拟可以从基本理论出发,从各种尺度对材料进行多层次的研究;也可以模拟高温、超高压力等计算条件下的材料性质与性能演变规律。因此,在当今的科学研究中,计算机模拟变得不可或缺,与实验同样重要。对于不同尺度的材料模拟,会用到不同的计算方法,如分子动力学计算方法、蒙特卡罗计算方法、第一性原理计算方法和有限元法等。对于后续章节中研究讨论的材料,即使在求解薛定谔方程时已经进行了很多合理的近似,但是进行本征值和本征波函数求解时所需要的计算量也仍然是相当庞大的。此时,计算机以及相关计算软件和方法便是不可或缺的。

　　通过第一性原理计算方法,我们可以在高压下得到材料的诸多性质,如电子结构、弹性、晶格振动、磁性乃至超导电性等,还可以通过比较不同结构的总能来研究高压下的结构相变。这些计算可以为实验中的观测结果提供有力的引导和支撑。同时,对于实验无法达到抑或是相关测量无法进行的极端条件,通过理论计算仍然可以对物质的性质进行很好的预测。

1.3　高压下固态氢及氢化物

　　根据 BCS 理论,固态氢在金属化后有可能成为室温超导体,具有潜在的应用前景。因此,越来越多的理论和实验工作都致力于氢在高压下的结构、金属性以及超导电性的研究。量子力学计算表明,分子氢和原子氢在金属化后超导转变温度分别可达 100 ~ 240 K 和 300 ~ 350 K。在高于 1 TPa 的压力条件下,金属氢的超导转变温度甚至可高于 700 K。然而在实验中,固态氢的金属化十分难达到,在低温条件下,即使在高达 388 GPa 的压力下也没有观测到固态氢的金属化。最近,I. F. Silvera 课题组的实验结果表明,固态氢会在 495 GPa 的压力下金属化,但是仍然需要后续的实验测量来证实这一结果。该实验给出了固态氢金属化的证据:样品从透明变为不透明的图片。然而在如此极端的压力条件下,实验测量的难度非常大,该实验的数据并不完整,没有与结构信息直接相关的 XRD 衍射图谱,也没有表征与结构相关的声子振动的拉曼(Raman)光谱,因此固态氢的金属化压力及其对应的相空间结构仍需要进一步深入的研究。2004 年,Ashcroft 提出,富氢化合物也可以成为高温超导体,并且会在比目前高压技术的上限更低的压力下达到金属化,这是因为在 H_2 中加入的其他元素会对氢的晶格产生"化学预压缩"的作用。从那时起,科学家们开始在富氢化合物中探索高温超导体,并且取得了显著的成果。超导技术的主要应用领域如图1-5所示。

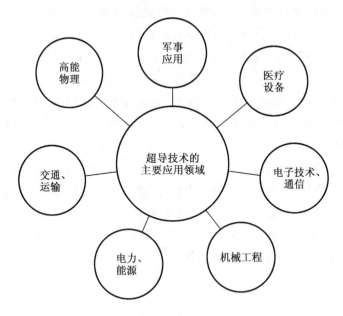

图1-5 超导技术的主要应用领域

由于高压下富氢化合物的金属性和超导电性的测量存在一定困难,因此理论研究工作起到了至关重要的作用,对相应的实验研究起到了一定的引导和支撑作用。2015年,吉林大学崔田教授课题组采用第一性原理计算方法结合晶体结构搜寻算法,首次发现新型氢化物H_3S在111 GPa下金属化,H和S之间具有明显的共价-金属键特征,根据BCS理论预测立方相(空间群$Im-3m$)在200 GPa的T_c高达191~204 K,并且T_c随压力的增大单调降低。该课题组进一步的光谱函数计算表明,其超导特性主要是由氢原子振动贡献的。该研究明确了产生H_3S晶体的两个主要途径:

$$3H_2S \Longrightarrow 2H_3S + S$$
$$2H_2S + H_2 \Longrightarrow 2H_3S$$

即既可以通过对H_2S直接加压到43万个大气压以上获得,也可以通过H_2S加氢在更低的压力下获得。并且H_3S晶体能稳定存在于300 GPa压力下,其他氢含量更高的H_4S、H_5S和H_6S化合物都不能稳定存在。随后,德国马克斯-普朗克研究所的Eremets课题组将H_2S样品加压到155 GPa以上,并通过电学测量、迈斯纳效应测量、同位素效应测量验证了203 K的超导转变温度。最近Einaga等人通过同步辐射X射线衍射仪(X-ray diffraction,XRD)技术进一步证实了硫氢化合物中的高温超导相便是我们理论预测的 $Im - 3m$（H_3S）结构。这很好地证明了在氢化物中寻找高温超导体的可行性。

到目前为止,人们对氢化物进行了广泛的理论和实验研究。在主族元素的氢化物中,第Ⅳ主族的氢化物是较早被提出的可能具有高温超导电性的材料,并且已经被进行了广泛的研究。高压下 CH_4 的超导电性研究并不理想,理论研究发现 CH_4 在 520 GPa 下仍未出现金属化。大量的理论和实验在高压下对硅烷进行了深入的探索;含氢量更高的 Si_2H_6 和 $SiH_4(H_2)_2$ 被预测可能具有超过 100 K 的超导转变温度。很多的理论研究也对 Ge - H、Sn - H 和 Pb - H 体系的诸多配比进行了深入的探索。对于第Ⅵ主族元素氢化物,H_2O 有着丰富的相变,但是根据理论预测,直到 2 TPa 的压力,它也仍然没有发生金属化;对于同族的其他元素氢化物,Se 和 Te 的氢化物的超导转变温度被预测可达到 100 K,而在 Po - H 化合物中只能达到 47 K。第Ⅲ主族元素 B、Al 和 Ga 的氢化物在压力的作用下表现出良好的性能。例如,理论研究表明,不同压力下 B_2H_6 和 BH 的超导转变温度能够达到 125 K 和 14.1 ~ 21.4 K。对于 AlH_3 已有大量的理论及实验工作,然而在它的超导电性方面却存在着争议。对于 GaH_3,理论预测发现,在压力达到 160 GPa 时,会变得热力学稳定,其高压结构 $Pm - 3n$ 在 160 GPa 下的超导转变温度能够达到 73 ~ 86 K。此外,第Ⅱ主族的 Mg 和 Ca 的 1∶6 配比的氢化物被预测具有超过 230 K 的超导转变温度。

除了被广泛研究的主族氢化物外,过渡金属氢化物近年来也被广泛地研究。因为高压下过渡金属氢化物不仅有可能是很好的超导材料,同时在储氢方面也有着很大的潜力。Pt 和 Ru 由于可能吸附大量的氢,被认为可以作为优良的储氢材料。Li 等人利用粒子群算法,对不同组分的 Y - H 化合物进行了预测,预测出了 YH_4 和 YH_6 两种在 110 GPa 压力以上存在的新型氢化物,并发现了 H 在 Y - H 化合物中的三种存在类型:YH_3 中的单原子 H 单元、YH_4 中的单原子 H 和 H_2 单元、YH_6 中的六角形 H_6 单元。其随后的电声耦合分析表明,Y - H 化合物在高压下是可能的优良超导体。其中,YH_6 在 120 GPa 压力下,超导转变温度可达 264 K。根据 Qian 等人的预测,ScH_4 和 ScH_6 分别在 200 GPa 和 130 GPa 压力下,超导转变温度可达 98 K 和 129 K。Kvashnin 等人利用结构预测方法,预测出两个高配比的超氢化合物 $Fm - 3m$（ThH_{10}）和 $P2_1/c$（ThH_7）,并预测在 100 GPa 压力下超导转变温度可达 220 ~ 241 K,超导能隙为 47 ~ 52 meV,临界磁场强度为 64 ~ 71 T。Kruglov 等人对 U - H 化合物高压下的结构和性质进行了预测,发现了一系列共 9 种新型 U - H 化合物,其中 UH_7、UH_8、UH_9、U_2H_{13}、U_2H_{17} 是潜在的高温超导体,在 50 GPa 压力下其超导转变温度为 157 K;并且其在常压下也是动力学稳定的,此时超导转变温度可达 193 K。他们已经在 1 GPa、40 GPa、63 GPa 的压力条件下通过实验成功合成了 UH_8、UH_9、UH_7 这三种氢化物,并且 UH_8 在释放压力后仍能保持稳定存在。

最近,Liu 等人和 Peng 等人分别对稀土元素氢化物进行了探索,发现 LaH_{10} 和 YH_{10} 均具有一个新型的网格状结构,每个 La 或者 Y 原子周围均有 32 个 H 原子,并且预测 LaH_{10} 在 210 GPa 压力下的超导转变温度可达 270 K,YH_{10} 在 250 GPa 压力下的超导转变温度可达 300 K。而且 LaH_{10} 和 YH_{10} 结构中的 H—H 原子间距大约是 1.1 Å[①],这个距离与相应压力下的固态原子金属氢中的 H—H 原子间距接近。随后,美国卡内基研究所的 Hemley 课题组和德国马克斯 – 普朗克研究所的 Eremets 课题组几乎同时通过实验合成了 LaH_{10},并报道了其超过 250 K 的超导转变温度,这也创造了新的高温超导纪录。而后,吉林大学崔田课题组通过实验成功合成了 Ce – H、Pr – H、Nd – H 等超氢化合物。镧系非氢元素的加入不但为"金属氢"的晶格提供电子稳定了氢笼构型,而且在决定超导转变温度中也发挥着极为重要的作用。该系列成果为高压下设计及制备新型超氢化合物及高温超导体提供了新的研究思路。

综上所述,固态氢是可能的室温超导体,所以探究其金属化以及超导电性一直是科学家们的研究热点。固态氢在 400 ~ 500 GPa 压力下会发生金属化,然而由于实验条件的限制,在如此高的压力下对氢的测量难度很大,实验上仍存在着不足与争论。同时,理论上对金属固态氢的研究也并没有一个完全统一的结果。不同的交换关联泛函或者不同的计算方法都会对结果造成比较大的影响。此外,前人的报道中并没有考虑该压力区间内所有可能的候选结构。因此,考虑范德瓦尔斯力和零点振动能的修正,对该压力区间内所有可能候选结构进行计算是很有必要的。对固态氢及其金属化行为的理论分析会为相关实验提供有力的指导和帮助。

此外,根据 Ashcroft 提出的"化学预压缩"作用,氢化物有可能在较低压力下就呈现出与氢类似的高温超导电性。而且,氢化物也是潜在的优良的储氢材料。因此,新型氢化物也已成为科学家的研究热点。对新型过渡金属氢化物的结构和性质的研究,对于金属氢的探索、高温传统超导体的理论设计以及机制探索大有裨益。

---

① 1 Å = 10^{-10} m。

第 2 章　理论基础与计算方法

2.1　绝 热 近 似

后续章节中的计算采用的是基于密度泛函理论的第一性原理方法。当我们需要求解固体中的能带和电子性质时,出发点是电子 - 原子核多体系统的薛定谔方程:

$$\hat{H}\Psi(\boldsymbol{r},\boldsymbol{R}) = E\Psi(\boldsymbol{r},\boldsymbol{R}) \tag{2-1}$$

这里,我们用 $\boldsymbol{r}$ 表示电子坐标,$\boldsymbol{R}$ 表示原子坐标。其中的哈密顿量 $\hat{H}$ 可以写为

$$\hat{H} = -\frac{\hbar^2}{2\,m_e}\sum_i \nabla_i^2 - \sum_{i,I}\frac{Z_I\,e^2}{|\boldsymbol{r}_i - \boldsymbol{R}_I|} + \frac{1}{2}\sum_{i\neq j}\frac{e^2}{|\boldsymbol{r}_i - \boldsymbol{r}_j|} - \sum_I \frac{\hbar^2}{2\,M_I}\nabla_I^2 +$$

$$\frac{1}{2}\sum_{I\neq J}\frac{Z_I\,Z_J\,e^2}{|\boldsymbol{R}_I - \boldsymbol{R}_J|} \tag{2-2}$$

式中,$\hbar$ 为约化普朗克常量,又称合理化普朗克常量,是角动量的最小衡量单位,$\hbar = h/(2\pi)$,其中 h 为普朗克常量。

电子的序号用下标 i 和 j 来表示,第 I 个和第 J 个原子核的质量和电荷量分别用 M_I 和 Z_I 表示。式(2-2)中包含了电子动能(等号右边第一项),电子与原子核之间的相互作用(等号右边第二项),电子之间的库仑相互作用(等号右边第三项),原子核的动能(等号右边第四项),以及原子核之间的库仑相互作用(等号右边第五项)。对于多体系统,每平方米内含有的原子核和电子的数量极其庞大,达到 10^{29} 数量级,因此完全精确地求解上述薛定谔方程是不可能的,要进行合理的近似。

考虑到电子的质量比原子核的质量小得多,大约只有原子核质量的 1/1000,那么电子的运动速度就远远大于原子核的运动速度,基于此,Born 和 Oppenheimer 提出了绝热近似(adiabatic approximation)的概念,将原子核和电子的运动进行了分离。绝热近似也称为 Born - Oppenheimer 近似。绝热近似在很多方面都是一个非常杰出的近似,比如计算固体中的原子核振动模式。在其他

方面,它是电子 – 声子相互作用微扰理论的出发点,而电子 – 声子相互作用是理解金属中电输运性质、绝缘体中极化子形成、一些金属 – 绝缘体相变、传统超导体的 BCS 理论等方面知识的基础。

根据绝热近似,哈密顿量可以写成如下形式:

$$\hat{H} = \hat{T} + \hat{V}_{ext} + \hat{V}_{int} \tag{2-3}$$

电子的动能算符 $\hat{T}$ 为

$$\hat{T} = -\sum_i \frac{1}{2} \nabla_i^2 \tag{2-4}$$

电子在晶格离子势场中的势能为

$$\hat{V}_{ext} = \sum_{i,I} V_I |\boldsymbol{r}_i - \boldsymbol{R}_i| \tag{2-5}$$

电子间的库仑相互作用为

$$\hat{V}_{int} = \sum_{i \neq j} \frac{1}{|\boldsymbol{r}_i - \boldsymbol{r}_j|} \tag{2-6}$$

2.2　Hartree – Fock 近似

进一步将多电子问题简化为单电子问题的常用典型方法是哈特利 – 福克近似(Hartree – Fock approximation)。波函数 Ψ 的行列式可以写成斯莱特(Slater)行列式:

$$\Psi(x_1, x_2, \cdots, x_N) = \frac{1}{\sqrt{N!}} \begin{vmatrix} \varphi_1(x_1) & \varphi_1(x_2) & \cdots & \varphi_1(x_N) \\ \varphi_2(x_1) & \varphi_2(x_2) & \cdots & \varphi_2(x_N) \\ \vdots & \vdots & & \vdots \\ \varphi_N(x_1) & \varphi_N(x_2) & \cdots & \varphi_N(x_N) \end{vmatrix} \tag{2-7}$$

式中,$x \equiv (r, \sigma)$,其满足如下的正交归一化条件:

$$\int \varphi_i^*(x) \varphi_j(x) \mathrm{d}x = \delta_{ij} \tag{2-8}$$

能量平均值可以写成

$$E = \langle \Psi | \hat{H} | \Psi \rangle = \int \Psi^* \hat{H} \Psi \mathrm{d}x_1 \mathrm{d}x_2 \cdots \mathrm{d}x_N \tag{2-9}$$

代入式(2 – 7),则上式可写成

$$E = \sum_i \mathrm{d}^3\boldsymbol{r}\, \varphi_i^*(\boldsymbol{r}) \left[-\frac{\hbar^2}{2m}\nabla^2 + V_{ext}(\boldsymbol{r}) \right] \varphi_i(\boldsymbol{r}) +$$

$$\frac{1}{2} \sum_{i,j} \int \mathrm{d}^3\boldsymbol{r}\,\mathrm{d}^3\boldsymbol{r}' \mid \varphi_i(\boldsymbol{r}) \mid^2 \frac{e^2}{\mid \boldsymbol{r} - \boldsymbol{r}' \mid} \mid \varphi_i(\boldsymbol{r}') \mid^2 -$$

$$\frac{1}{2} \sum_{i,j} \int \mathrm{d}^3\boldsymbol{r}\,\mathrm{d}^3\boldsymbol{r}' \varphi_i^*(\boldsymbol{r}) \varphi_j^*(\boldsymbol{r}') \frac{e^2}{\mid \boldsymbol{r} - \boldsymbol{r}' \mid} \varphi_j(\boldsymbol{r}) \varphi_i(\boldsymbol{r}') \mid \varphi_i(\boldsymbol{r}') \mid^2$$

$$(2-10)$$

式中,等号右边第二项和第三项分别是电子间的直接库仑作用和交换作用。利用式(2-8)作为约束条件,对式(2-10)进行变分,引入拉格朗日不定乘子(Lagrange multiplier),可以求出 $\varphi_i(\boldsymbol{r})$ 满足如下方程:

$$\left[-\frac{\hbar^2}{2m} \nabla^2 + V_{\mathrm{ext}}(\boldsymbol{r}) + \sum_j \int \mathrm{d}^3\boldsymbol{r}' \mid \varphi_j(\boldsymbol{r}') \mid^2 \frac{e^2}{\mid \boldsymbol{r} - \boldsymbol{r}' \mid} \right] \varphi_i(\boldsymbol{r}) - \sum_{j,//} \int \mathrm{d}^3\boldsymbol{r}' \frac{e^2 \varphi_j^*(\boldsymbol{r}') \varphi_i(\boldsymbol{r}')}{\mid \boldsymbol{r} - \boldsymbol{r}' \mid} \varphi_j(\boldsymbol{r})$$

$$= \varepsilon_i \varphi_i(\boldsymbol{r}) \tag{2-11}$$

这就是 Hartree - Fock 方程。为了更明确地显示其非定域的特征,可将式(2-11)改写为

$$\left[-\frac{\hbar^2}{2m} \nabla^2 + V_{\mathrm{ext}}(\boldsymbol{r}) + e^2 \int \mathrm{d}^3\boldsymbol{r}' \frac{\rho(\boldsymbol{r}') - \rho_i^{\mathrm{HF}}(\boldsymbol{r},\boldsymbol{r}')}{\mid \boldsymbol{r} - \boldsymbol{r}' \mid} \right] \varphi_i(\boldsymbol{r}) = \varepsilon_i \varphi_i(\boldsymbol{r})$$

$$(2-12)$$

其中定义了 $\boldsymbol{r}$ 点的电子数密度 $\rho(\boldsymbol{r})$ 用单电子波函数表示如下:

$$\rho(\boldsymbol{r}) = \sum_i^{\mathrm{occ}} \mid \varphi_i(\boldsymbol{r}) \mid^2 \tag{2-13}$$

以及非定域交换电荷密度分布:

$$\rho_i^{\mathrm{HF}}(\boldsymbol{r},\boldsymbol{r}') = \sum_{i,//}^{\mathrm{occ}} \frac{\varphi_i^*(\boldsymbol{r}) \varphi_j(\boldsymbol{r})}{\mid \varphi_i(\boldsymbol{r}) \mid^2} \varphi_j^*(\boldsymbol{r}') \varphi_i(\boldsymbol{r}') \tag{2-14}$$

因为 ρ_i^{HF} 仍与 φ_i 有关,所以求解式(2-14)与求解式(2-13)面临的困难是一样的。斯莱特首先提出了利用对 ρ_i^{HF} 取平均值的方法来解决这一困难,最后可以使 Hartree - Fock 方程近似地写成

$$\left[-\frac{\hbar^2}{2m} \nabla^2 + V_{\mathrm{ext}}(\boldsymbol{r}) + V_{\mathrm{C}}(\boldsymbol{r}) + V_{\mathrm{ex}}(\boldsymbol{r}) \right] \varphi_i(\boldsymbol{r}) = \varepsilon_i \varphi_i(\boldsymbol{r}) \tag{2-15}$$

式中

$$V_{\mathrm{C}}(\boldsymbol{r}) = \int \mathrm{d}^3\boldsymbol{r}' \frac{\rho(\boldsymbol{r}') e^2}{\mid \boldsymbol{r} - \boldsymbol{r}' \mid} \tag{2-16}$$

$$V_{\mathrm{ex}}(\boldsymbol{r}) = - \int \mathrm{d}^3\boldsymbol{r}' \rho_{\mathrm{av}}^{\mathrm{HF}}(\boldsymbol{r},\boldsymbol{r}') \frac{e^2}{\mid \boldsymbol{r} - \boldsymbol{r}' \mid} \tag{2-17}$$

式(2-16)中的 $V_{\mathrm{C}}(\boldsymbol{r})$ 代表单电子受到所有电子产生的平均库仑场势,而式(2-17)中的 $V_{\mathrm{ex}}(\boldsymbol{r})$ 则表示由密度分布 $\rho_{\mathrm{av}}^{\mathrm{HF}}$ 决定的定域交换势。这时,Hartree -

Fock 方程便可以简化为

$$
\begin{cases}
\left[-\dfrac{\hbar^2}{2m}\nabla^2 + V_{\text{eff}}(\boldsymbol{r}) \right]\varphi_i(\boldsymbol{r}) = \varepsilon_i\varphi_i(\boldsymbol{r}) \\
V_{\text{eff}}(\boldsymbol{r}) = V_{\text{ext}}(\boldsymbol{r}) + V_{\text{C}}(\boldsymbol{r}) + V_{\text{ex}}(\boldsymbol{r})
\end{cases}
\tag{2-18}
$$

应当注意的是,Hartree - Fock 方程是一个变分方程,其中的 ε_i 不具有能量本征值的含义,它只是拉格朗日乘子,其物理含义如下:在一个 N 电子的体系中移走一个电子 i,并保持其他 $(N-1)$ 个电子状态不变,此时系统能量的改变即是 ε_i。在此基础上,可以说 ε_i 代表在状态 φ_i 上的"单电子能量",这就是著名的库普曼斯定理(Koopmans Theorem)。

综上,Hartree - Fock 近似本身忽略了多体系统中的相关能,因此不能被认为是单电子近似的严格理论基础。

2.3 密度泛函理论

密度泛函理论(Density Functional Theory, DFT)是一个关于多体关联系统的理论,它是单电子近似的近代理论基础。密度泛函理论的源头可以追溯到 1927 年 Thomas 和 Fermi 提出的模型。在最初的 Thomas - Fermi 模型中,体系的动能被近似地认为是密度泛函。虽然他们的模型并没有考虑电子之间的交换关联作用,比较粗糙,对于如今的电子结构计算来讲并不精确,但却很好地阐释了密度泛函理论思想。

2.3.1 Hohenberg - Kohn 定理

密度泛函理论的现代表述起源于 1964 年 P. Hohenberg 和 W. Kohn 发表的一篇著名的论文。他们证明了两条基本定理,第一条定理指出,多体系的外势场由其基态电子密度 $n_0(\boldsymbol{r})$ 唯一决定,也就是说,一个关于位置的标量函数 $n_0(\boldsymbol{r})$ 基本上可以决定多体系统中的所有性质,包括波函数和总能量等;第二条定理指出,体系基态总能量对应着泛函的极小值,而使泛函最小化的 $n(\boldsymbol{r})$ 就是基态电子密度 $n_0(\boldsymbol{r})$。Hohenberg - Kohn 定理如图 2 - 1 所示。其中短的箭头代表了薛定谔方程通常的解决方案,外势 $V_{\text{ext}}(\boldsymbol{r})$ 决定了体系中的所有状态 $\Psi_0(\{\boldsymbol{r}\})$,包括基态 $\Psi_0(\{\boldsymbol{r}\})$ 和基态电子密度 $n_0(\boldsymbol{r})$;长的标记了"HK"的箭头代表了 Hohenberg - Kohn 定理。

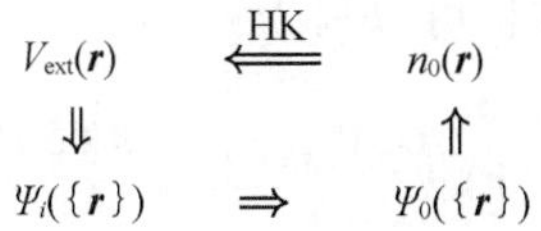

$$V_{ext}(\boldsymbol{r}) \quad \overset{HK}{\Longleftarrow} \quad n_0(\boldsymbol{r})$$

$$\Downarrow \qquad\qquad \Uparrow$$

$$\Psi_i(\{\boldsymbol{r}\}) \quad \Rightarrow \quad \Psi_0(\{\boldsymbol{r}\})$$

图 2 – 1　Hohenberg – Kohn 定理图示

体系的总哈密顿量表达式可以写为

$$\hat{H} = -\frac{\hbar^2}{2\,m_e} \sum_i \nabla_i^2 + \sum_i V_{ext}(\boldsymbol{r}_i) + \frac{1}{2} \sum_{i \neq j} \frac{e^2}{|\boldsymbol{r}_i - \boldsymbol{r}_j|} \qquad (2-19)$$

系统的基态能量可表示为泛函的形式:

$$E[n] = \langle \Psi[n] | T + U + V_{ext} | \Psi[n] \rangle = F[n] + \int \mathrm{d}^3 r V(\boldsymbol{r}) n(\boldsymbol{r})$$

$$(2-20)$$

式(2 – 20)称为 HK 能量泛函。其中

$$F[n] = \langle \Psi[n] | T + U | \Psi[n] \rangle \qquad (2-21)$$

可以看出,$F[n]$ 与 $E[n]$ 的差别就是少了一项外势 $V_{ext}(\boldsymbol{r})$ 的贡献,$F[n]$ 是一个与 $V_{ext}(\boldsymbol{r})$ 无关的普适泛函。

2.3.2　Kohn – Sham 方程

对于无相互作用的体系,$n(\boldsymbol{r}) = n_0(\boldsymbol{r})$,基态电子密度可以用等价体系单电子波函数 $\varphi_i(\boldsymbol{r})$ 表示为

$$n(\boldsymbol{r}) = n_0(\boldsymbol{r}) = \sum_i |\varphi_i(\boldsymbol{r})|^2 \qquad (2-22)$$

式(2 – 20)HK 能量泛函可以写成

$$E[n] - T_0[n] + V_H[n] + E_{xc}[n] + \int \mathrm{d}^3 r V(\boldsymbol{r}) n(\boldsymbol{r}) \qquad (2-23)$$

式中,$T_0[n]$ 是在具有相同基态密度时,无相互作用的电子系统动能项:

$$T_0[n] = \sum_i \left\langle \varphi_i(\boldsymbol{r}) \left| -\frac{\hbar^2}{2m} \nabla^2 \right| \varphi_i(\boldsymbol{r}) \right\rangle \qquad (2-24)$$

$V_H[n]$ 代表 Hartree 近似时的直接库仑作用项,也称为 Hartree 势能:

$$V_H[n] = \sum_i \left\langle \varphi_i \varphi_j \left| \frac{e^2}{r_{12}} \right| \varphi_i \varphi_j \right\rangle \qquad (2-25)$$

$E_{xc}[n]$ 代表交换关联能泛函:

$$E_{xc}[n] = E[n] - T_0[n] - V_H[n] = (T[n] - T_0[n]) + (U - V_H[n])$$

$$(2-26)$$

式(2-23)的变分极值方程可以写为

$$\int d^3 r \left\{ \frac{\delta T_0[n]}{\delta n(r)} + V_{\text{eff}}(r) - \varepsilon \right\} \delta n(r) = 0 \qquad (2-27)$$

通过对 $\delta \varphi_i^*$ 的变分,我们可以导出

$$\left[-\frac{\hbar^2}{2m} \nabla^2 + V_{\text{eff}}(r) \right] \varphi_i(r) = \varepsilon_i \varphi_i(r) \qquad (2-28)$$

$$V_{\text{eff}}(r) = V(r) + V_{\text{C}}(r) + V_{\text{xc}}(r) \qquad (2-29)$$

$$V_{\text{C}}(r) = \int d^3 r' n(r') \frac{e^2}{|r - r'|} \qquad (2-30)$$

$$V_{\text{xc}}(r) = \frac{\delta E_{\text{xc}}[n]}{\delta n(r)} \qquad (2-31)$$

$$n(r) = \sum_i |\varphi_i(r)|^2 \qquad (2-32)$$

式(2-28)至式(2-29)就是 Kohn - Sham 方程组。Kohn - Sham 方程提供了用标准的单粒子方法寻找多体系统基态密度和能量的框架。正是由于 Kohn 和 Sham 提出的方法,密度泛函理论现已成为凝聚态物理领域中电子结构计算的主要方法。如果式(2-26)中的交换关联能 E_{xc} 已知,那么多体系统的基态能量和密度就可以通过对独立粒子的 Kohn - Sham 方程的自洽求解得到,其流程如图 2-2 所示。交换关联泛函将在下节进行介绍。

2.3.3 交换关联泛函

求解 Kohn - Sham 方程的难点是必须给定交换关联能 $E_{\text{xc}}(r)$。$E_{\text{xc}}(r)$ 形式上包含了来自交换与关联的所有多体效应。$E_{\text{xc}}(r)$ 是未知的泛函,其对应的交换关联势 $V_{\text{xc}}(r)$ 也是未知的。确定 $E_{\text{xc}}(r)$ 非常困难,其精确形式无法得到,只能进行合理的近似。局域密度近似泛函(LDA)是最简单的近似,它是由 W. Kohn 和 L. J. Sham 提出的。在 LDA 近似下,每一个点的相关能密度和交换能密度与其他点的电子密度无关,只取决于该点的电子密度。在 LDA 近似之后,最著名的一类泛函便是广义梯度近似(GGA)。泛函依赖的变量有局域密度及其梯度,比 LDA 近似包含了更多的物理信息。在密度泛函理论计算中,最广泛使用的泛函是 PBE 和 PW91 泛函,比较重要的泛函还有 B88、HCTH 和 P86x 等。20 世纪 80 年代末,在交换关联泛函中包含了动能密度为变量的 meta - GGA 泛函被提出,其中比较重要的有 tauPBE、PKZB、BR89、VSXC、PCS00 和 B00 等;到了 90 年代初,又有一系列杂化型交换关联泛函被构造了出来,其中比较有代表性的是 half and half、B3P、B3LYP 和 B1B95 等。

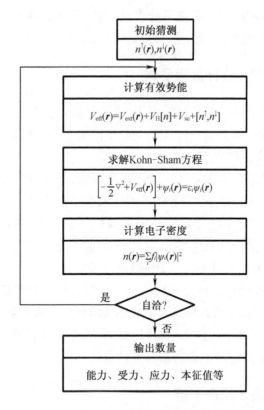

图 2 - 2　**Kohn - Sham 方程自洽循环图示**

根据 J. P. Perdew 的建议,我们可以将现有的交换关联泛函分为以下几类:

(1)LDA:泛函只与密度分布的局域值有关;

(2)GGA:泛函依赖的变量有局域密度及其梯度;

(3)meta - GGA:泛函依赖的变量还有动能密度;

(4)杂化泛函:泛函与占据轨道有关;

(5)完全非局域泛函:不切实际,属于理想泛函。

2.4　晶格动力学

晶格振动指的是原子在平衡位置(即晶体中的格点)附近的振动。在研究晶体的光学、电学、热学、磁性等性质,以及超导电性、结构相变等物理问题时,晶格振动都有着非常重要的作用。晶格振动模具有波的形式,称为格波。目前比较常用的计算声子谱的方法有两种:超晶胞冻声子法和线性响应法。

2.4.1　超晶胞冻声子法计算声子谱

利用扩胞法来计算声子谱是目前应用比较广的方法之一,主要应用的软件有 Phon、Phonon、Fropho 和 Phonopy。Phonopy 在使用上较其他软件更方便,计算量更少,因而有着很广泛的应用。

Phonopy 是使用 C 及 Python 等高级语言编写的,它可以很方便地在现有的 Unix 或者 Linux 操作系统上进行安装。其工作流程主要分为以下几个部分:首先对原胞进行扩胞;其次对某些特定的离子施加较小的位移;再次利用 VASP 或 WIEN2k 等第一性原理计算软件对有限位移下原子受力进行计算;最后通过 Phonopy 程序进行处理就可以得到声子谱以及声子态密度。

该方法虽然使用简便,但是也存在缺点。该方法不同的扩胞倍数可能对计算结果精度造成较大的影响,此外对于某些复杂的体系或者对称性较低的体系,计算量增加了很多。比如,对于四方晶系的结构,该方法计算量较少;相比而言,对于单斜或者三斜晶系的结构,该方法计算量较大。

2.4.2　线性响应法计算声子谱

通过线性响应法计算声子谱也是目前应用比较多的方法之一。它不需要像超晶胞冻声子法一样扩胞,而是直接对每个倒格点进行求解。常用的软件有 Quantum Espresso(QE)和 ABINIT 等。

后续章节中使用较多的是 Quantum Espresso 软件,其计算流程大致如下:首先利用 pw. x 程序进行电子密度的自洽计算;其次用 ph. x 程序对较小的 q 网格点进行动力学矩阵元的计算;再次用 q2r. x 程序计算实空间的力常数矩阵;最后用 matdyn. x 处理可以得到声子色散曲线及声子态密度。详细的计算过程可以参考 2.7 节中关于计算软件的介绍。

2.4.3　准简谐近似

简谐近似下,原子间相互作用势能函数展开式中的三次以及更高次项被略去,我们称这些高阶项为非简谐项,它对晶体的状态方程、热传导和热膨胀等方面都有影响。简谐近似下的晶体原子的热振动与实际不符,主要包含以下几个方面:

（1）简谐近似并不能解释晶体的热膨胀效应；

（2）弹性常数与力常数不依赖于压力和温度；

（3）在高温条件下，热容量为常数；

（4）等压热容（C_p）和等容热容（C_V）相等；

（5）没有考虑到声子与声子之间的相互作用；

（6）没有杂质和缺陷的简谐晶体的热导率是无限大的。

要考虑所有非简谐项的贡献是很复杂的，可以通过引入声子频率随体积的变化来考虑温度效应，也就是准简谐近似中利用准简谐近似计算吉布斯自由能。下面简单介绍其原理及相关公式。

在给定压力和温度下，控制几何结构和相稳定性的函数是非平衡吉布斯自由能（Gibbs free energy），其表达式如下：

$$G^*(x,V;p,T) = E_{sta}(x,V) + pV + F^*_{vib}(x,V;T) + F^*_{el}(x,V;T) + \cdots$$

$$(2-33)$$

式中，E_{sta} 是 0 K 时的静态晶格能量（可以直接通过第一性原理计算得到）；F^*_{vib} 是非平衡振动的亥姆霍兹自由能（Helmholtz free energy），晶体结构完全通过体积 V 及一系列坐标（原子位置和晶胞参数）x 来决定；F^*_{el} 代表电子热激发对自由能的贡献，还可以有更多的自由能项去表示固体中的其他自由度，如磁性和缺陷。

关于 G^* 的核心问题如下：在给定的压力（p）和温度（T）下，平衡构型是通过最小化 G^* 得到的，即

$$G(p,T) = \min_{x,V} G^*(x,V;p,T) \qquad (2-34)$$

它会产生平衡状态的内部坐标 $x(p,T)$ 和体积 $V(p,T)$，同时还有吉布斯函数 $G(p,T)$。因为对整个势能面计算 G^* 比较困难，所以通常是将内部变量限制为在任何给定体积下可以给定静态能量最小化的结果，通过 $E_{sta}(V) = \min_{x} E_{sta}(x,V)$ 得到 $x_{opt}(V)$，那么式（2-33）就变为

$$G^*(V;p,T) = E_{sta}(x_{opt},V) + pV + F^*_{vib}(x_{opt},V;T) + \cdots \qquad (2-35)$$

改变体积来使上述方程达到最小化，那么就会达到力学平衡条件：

$$\frac{\partial G^*}{\partial V} = 0 = -p_{sta} + p - p_{th} \qquad (2-36)$$

式中，$p_{sta} = -dE_{sta}/dV$ 是静态压力；$p_{th} = -\partial F^*_{vib}/\partial V$ 是热压；p 是所施加的外部压力。

非平衡的亥姆霍兹自由能可以用如下方程得到：

$$F^*_{vib}(x,V;T) = \sum_j \left[\frac{\omega_j}{2} + k_B T \ln\left(1 - e^{-\frac{\omega_j}{k_B T}}\right) \right] \qquad (2-37)$$

$$F^*(x,V;T) = E_{sta}(x,V) + F^*_{vib}(x,V;T) \qquad (2-38)$$

根据声子计算得到的声子态密度,其非平衡的亥姆霍兹自由能可以用如下方程得到:

$$F^*_{vib}(x,V;T) = \int_0^\infty \left[\frac{\omega}{2} + k_B T \ln\left(1 - e^{-\frac{\omega}{k_B T}}\right)\right] g(\omega)\,d\omega \qquad (2-39)$$

总的声子态密度归一化:

$$\int g(\omega)\,d\omega = 3nN \qquad (2-40)$$

式中,n 是晶胞中的原子数;N 是晶胞的个数。

当知道了在不同体积、不同温度条件下的亥姆霍兹自由能后,就可以通过拟合状态方程来得到平衡状态的体积。常用的状态方程有三阶 Birch - Murnaghan 状态方程、四阶 Birch - Murnaghan 状态方程和 Vinet 状态方程等。然后,就可以通过平衡体积得到一些热力学性质,即亥姆霍兹自由能(F)、平衡状态的熵(S)、内能(U)、吉布斯自由能(G)、等容热容(C_V)和体积弹性模量(B_T),公式如下:

$$F = F^*(V(p,T),T) \qquad (2-41)$$

$$S = S(V(p,T),T) = -\left(\frac{\partial F}{\partial T}\right)_V = \sum_j \left[-k_B T \ln\left(1 - e^{-\frac{\omega_j}{k_B T}}\right) + \frac{\omega_j}{T}\frac{1}{e^{-\frac{\omega_j}{k_B T}} - 1}\right] \qquad (2-42)$$

$$U = U(V(p,T),T) = F + TS = E_{sta} + \sum_j \frac{\omega_j}{2} + \sum_j \frac{\omega_j}{e^{-\frac{\omega_j}{k_B T}} - 1} \qquad (2-43)$$

$$G = U + pV - TS \qquad (2-44)$$

$$C_V = C_V(V(p,T),T) = \left(\frac{\partial U}{\partial T}\right)_V = \sum_j C_{V,j} = \sum_j k_B \left(\frac{\omega_j}{k_B T}\right)^2 \frac{e^{-\frac{\omega_j}{k_B T}}}{\left(e^{-\frac{\omega_j}{k_B T}} - 1\right)^2} \qquad (2-45)$$

$$B_T = -V\left(\frac{\partial p}{\partial V}\right)_T = V\left(\frac{\partial^2 F}{\partial V^2}\right)_T \qquad (2-46)$$

熵和等容热容用声子态密度可以表示为

$$S = k_B \int_0^{\omega_{max}} \left\{\frac{\hbar\omega}{2k_B T}\cot h\left(\frac{\hbar\omega}{2k_B T}\right) - \ln\left[2\sin h\left(\frac{\hbar\omega}{2k_B T}\right)\right]\right\} g(\omega)\,d\omega \qquad (2-47)$$

$$C_V = k_B \int_0^{\omega_{max}} \left(\frac{\hbar\omega}{2k_B T}\right)^2 \csc h^2\left(\frac{\hbar\omega}{2k_B T}\right) g(\omega)\,d\omega \qquad (2-48)$$

我们在准简谐近似下计算体系的热力学性质时,通常都是根据声子态密度来进行计算的。另外,根据德拜近似,等容热容也可以表示为

$$C_V = 9 N_A k_B \left(\frac{T}{\Theta_D} \right)^3 \int_0^{\Theta_D/T} \frac{x^4 e^x}{(e^x - 1)^2} dx \qquad (2-49)$$

式中,Θ_D 是德拜温度;N_A 是阿伏加德罗常数(Avogadro constant)。所以,我们就可以根据式(2-48)和式(2-49)来求在固定体积、任意温度条件下的德拜温度。

2.5　超 导 电 性

自从 1911 年卡默林·昂内斯(Kamerlingh Onnes)在荷兰莱顿(Leiden)首次发现 Hg 的超导电性以来,100 多年时间已经过去。然而,人们对于超导电性理论以及超导技术的研究热情始终不减,对超导机制和理论的认识一直在不断进步。下面简单介绍常规超导体的 BCS 理论基础以及相关的主要计算公式。

2.5.1　超导体的基本属性

超导电性指的是某些特殊物质在足够低的温度条件下直流电阻消失的性质。低于特定温度出现超导电性的物质称为超导体。超导体随着温度降低突然转变为超导态的温度称为超导转变温度,一般用 T_c 表示。除了零电阻效应以外,超导体还具有以下特征。

1. 是一种新的凝聚态

例如在实验中冷却金属 Sn 时发现,当温度低于超导转变温度时,Sn 的电子比热容不再与 T 呈线性关系,而是当 $T \ll T_c$ 时表现出反常的指数式的温度关系,如图 2-3 所示。这说明在 $T < T_c$ 时,Sn 处于一种新的热力学状态。同时,XRD 的实验结果表明晶格结构并没有发生变化,也不是铁磁或反铁磁转变。当 $T < T_c$ 时,Sn 中的直流电阻变为零。这种直流电阻消失的新的热力学状态便是超导态。

实验还证明,当 $T < T_c$ 时,超导体进入超导态后,其自由能要低于正常态的自由能。想要破坏超导电性,必须加外磁场 H_c,使金属恢复到正常态。H_c 称为超导体的临界磁场,其经验规律为

$$H_c(T) = H_c(0) \left[1 - (T/T_c)^2 \right]$$

超导体的临界磁场曲线如图 2 - 4 所示。超导凝聚能指的便是在温度为绝对零度($T = 0$ K)时,正常态与超导态的自由能之差。根据热力学的知识,超导凝聚能的数量级约为 10^{-8}。

比热容曲线中,指数因子 $e^{-\Delta/(k_B T)}$ 的出现也说明了超导态中不存在 $\delta E = 0$ 的准粒子激发,单粒子激发最少需要能量 Δ。这说明了超导体中存在另外一个重要特征:存在能隙。

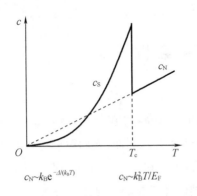

$c_N \sim k_B e^{-\Delta/(k_B T)}$ $c_N \sim k_B^2 T/E_F$

c_N—正常态的电子比热容;c_S—超导态的电子比热容。

图 2 - 3　超导体的电子比热容随温度变化曲线

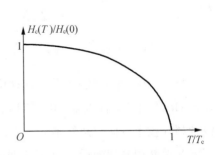

图 2 - 4　超导体的临界磁场曲线

2. 存在能隙

这里的能隙指的是超导体的最低激发态与基态之间的能量间隙。大量的事实证明了超导体中能隙的存在,隧道效应是其中最有力的证据。如果用一个很薄的氧化层(约 2.5 nm)将正常金属(N)与超导体(S)隔开,就会在 N 与 S 之间形成势垒。根据量子力学隧道效应的相关知识,单电子是可以穿透势垒的,它的隧穿电流(I)与外加电压(U)呈正比关系。但是,实验中观测到,在 $T < T_c$ 的温度条件下,隧道电流只在 U 大于(Δ/e)时才会出现。只有当 $T > T_c$ 时,隧穿电流与外加电压才满足正比关系,如图 2 - 5 中的实线与虚线所示。这一事实证明,从超导相中激发出一个准粒子至少需要能量 Δ,即存在能隙。因为正常的费米(Fermi)球面上会存在 $\delta E = 0$ 的单粒子激发,所以超导态中的费米球已经发生了改组。

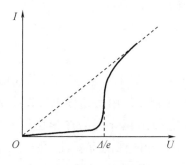

图 2 - 5　隧道效应

3. 迈斯纳效应

迈斯纳效应也称为完全抗磁性。它是指超导体处于超导态时,弱磁场不能透入宏观样品内部,超导体内的磁通量全部被排出了体外,磁感应强度恒为零。迈斯纳效应展示出了超导体与理想导体完全不相同的磁性质,使人们不再将超导体单纯地看成理想导体。1957 年,苏联科学家阿不里科索夫提出了两类超导体的概念,即第一类超导体和第二类超导体。第一类超导体指的便是具有迈斯纳效应的超导体,而与一般元素超导体磁化特性不同的超导体称为第二类超导体。观察迈斯纳效应最直观的实验是磁悬浮实验,如图 2 - 6 所示。

图 2 - 6　磁悬浮实验

4. 同位素效应

20 世纪 50 年代, 两位美国科学家麦克斯韦(E. Maxwell)和雷诺(C. A. Raynold)分别独立发现了汞的几种同位素超导转变温度各不相同,且与质量的平方根成正比,满足 $T_c \propto M^{-\alpha}$($\alpha = 1/2$)关系,这种现象称为同位素效应。各种同位素的原子质量不同,则晶格运动性质定会有所差异,这说明电子 - 声子相互作用无疑会在超导转变的过程中起到关键作用。基于对电子 - 声子相互作用的探索,产生了著名的 BCS 理论。

2.5.2 BCS 理论

1950 年,弗烈里希(Frolich)提出了超导理论,其成功之处在于指出了两个电子由于交换虚声子而产生的相互作用是超导电性产生的原因,并且成功地预言了同位素效应,但是并不能导出超导态的热学性质和电磁性。库珀(Leon N. Cooper)认识到探索超导态物理图像的重要性,并于 1956 年提出了库珀对的概念。他通过对一个简单的双电子模型(两个电子的动量和自旋都相反)进行计算,进而指出,只要两个电子之间存在净相互吸引作用,即使相互作用非常弱,也能形成电子对束缚态,称为库珀对。以声子为媒介的电子之间相互作用(图 2-7)的物理概念大致如下:当一个电子(e_{k1})在晶格中运动时,电子所经过之处会引起周围离子的点阵形变,造成了局域正电荷的相对集中,该电子周围瞬时呈现了正电性,另一个电子(e_{k2})经过此区域时,将受到该正电区吸引。于是,两个电子之间产生了有效的吸引作用。

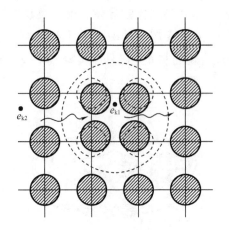

图 2-7 电子附近晶格的畸变极化

在库珀的问题中,在费米海之外,只有两个相互有净吸引作用的电子,由此库珀指出,正常金属费米海将表现出不稳定性,并且指出这种不稳定性应当与超导相的形成有很大关系。1957 年,巴丁(John Bardeen)、库珀和施里弗(John R. Schrieffer)将库珀的简单结果推广到了多电子系统,其理论就是著名的 BCS 理论。BCS 理论可以很好地解释超导中出现的零电阻现象。在超导态的基态,动量相反的电子形成了库珀电子对。当超导体处于载流的超导态时,每个库珀对

的总能量不再是零。这时,所有库珀对的总动量都是 $p = \hbar k$,配对态可选取为

$$\left[\left(k_i + \frac{k}{2} \right) \uparrow, \left(-k_i + \frac{k}{2} \right) \downarrow \right] \tag{2-50}$$

散射过程中满足动量守恒:

$$\hbar\left(k_1 + \frac{k}{2} \right) + \hbar\left(-k_1 + \frac{k}{2} \right) = \hbar\left(k_2 + \frac{k}{2} \right) + \hbar\left(-k_2 + \frac{k}{2} \right) = \cdots = \hbar k = p$$

$$\tag{2-51}$$

从动量空间来看,当没有电流时,库珀对内两个电子的总动量为零,配对态是 $(k_i \uparrow, -k_i \downarrow)$。假设整个动量分布在动量空间中整体移动 $\hbar k / 2$,如图 $2-8$ 所示,那么配对态 $(k_i \uparrow, -k_i \downarrow)$ 就会变到式 $(2-50)$ 中的配对态。此时电流密度为

$$j = ne\frac{p}{2m}$$

式中,$\dfrac{p}{2m}$ 就是每个电子的定向速度。

组成库珀对的电子不断地互相散射,在散射过程中总动量保持守恒,所以电流不会因此衰减。

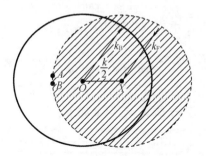

图 2 - 8　载流超导体的动量分布

BCS 理论中给出在弱耦合条件下(即 $k_B T_c \ll \hbar \omega_c$),确定超导转变温度($T_c$)的公式:

$$k_B T_c = 1.14\hbar\,\omega_c \mathrm{e}^{-\frac{1}{N(0)V}} \tag{2-52}$$

若以 $\Delta(0)$ 表示 $T = 0$ K 下的能隙,有

$$\Delta(0) = 2\hbar\,\omega_c \mathrm{e}^{-\frac{1}{N(0)V}} \tag{2-53}$$

对比式 $(2-52)$ 和式 $(2-53)$,则有

$$2\Delta(0) = 3.52\,k_B T_c \tag{2-54}$$

上式对于弱耦合体系的超导转变温度,能够给出合理的结果。

2.5.3 麦克米兰(McMillan)方程

BCS 理论对许多超导体与实验上的数据符合得很好,但是对于 Pb 和 Hg,以及一些非晶态非过渡族元素或合金,有显著的偏离。米格达尔指出,在正常金属情况下,处理电子 – 声子相互作用的准确度可以达到 $(m/M)^{1/2}$ (M 为元素的离子质量,m 为电子的质量)。这一工作随后被 G. M. Eliashberg 和 Y. Nambu 两位科学家推广到了超导态,在对电子 – 声子相互作用进行了全面的考虑后,他们推导出了特别复杂的 Eliashberg 方程。W. L. McMillan 对该方程做了合理的简化近似,并且根据已知的实验数据对方程中的未知参数进行了拟合,提出了 T_c 的强耦合公式:

$$T_c = \frac{\Theta_D}{1.45}\exp\left[-\frac{1.04(1+\lambda)}{\lambda - \mu^*(1+0.62\lambda)}\right] \qquad (2-55)$$

式中,μ^* 是电子库仑斥力赝位势参数;Θ_D 代表了德拜温度;λ 为 McMillan 电声子耦合参数,可以通过以下积分得到:

$$\lambda = 2\int_0^\infty \frac{\alpha^2 F(\omega)}{\omega}\mathrm{d}\omega \qquad (2-56)$$

ω 代表了声子的频率,电声耦合谱函数 $\alpha^2 F(\omega)$ 定义如下:

$$\alpha^2 F(\omega) = \frac{1}{2\pi N(\varepsilon_F)}\sum_{qv}\frac{\gamma_{qv}}{\omega_{qv}}\delta(\omega - \omega_{qv}) \qquad (2-57)$$

式中,$N(\varepsilon_F)$ 表示费米面处电子态密度;声子波矢用 q 表示,第 v 支声子在波矢 q 处的频率用 ω_{qv} 来表示。声子线宽 γ_{qv} 定义如下:

$$\gamma_{qv} = \pi\omega_{qv}\sum_{mn}\sum_k |g_{mn}^v(k,q)|^2\delta(\varepsilon_{m,k+q} - \varepsilon_F) \times \delta(\varepsilon_{n,k} - \varepsilon_F) \qquad (2-58)$$

式中,$g_{mn}^v(k,q)$ 为电声子耦合矩阵元。它表示电子吸收或放出一个声子 qv,从 $|m,k+q\rangle$ 态被散射到 $|n,k\rangle$ 态。电声耦合矩阵元通过如下公式给出:

$$g_{mn}^v(k,q) = \left(\frac{\hbar}{2M\omega_{qv}}\right)^{1/2}\langle m,k+q|\delta_{qv}V_{SCF}|n,k\rangle \qquad (2-59)$$

式中,$|n,k\rangle$ 是布洛赫电子态;$\delta_{qv}V_{SCF}$ 是与声子波矢量 q 和模式 v 相对应的集体离子位移的自洽势的导数。而式(2 – 58)中的两个相乘的 δ 函数将电子的散射限定到了费米能级附近。

依据声子线宽 γ_{qv},总体的电声耦合参数可以根据下式得到:

$$\lambda = \sum_{qv}\lambda_{qv} = \sum_{qv}\frac{\gamma_{qv}}{\pi N(\varepsilon_F)\omega_{qv}^2} \qquad (2-60)$$

McMillan 强耦合理论中,也定义了如下的电声耦合参数 λ 公式:

$$\lambda = \frac{\eta}{M\langle\omega^2\rangle} = \frac{N(\varepsilon_F)\langle I^2\rangle}{M\langle\omega^2\rangle} \qquad (2-61)$$

式中,$\langle I^2\rangle$ 是电子矩阵元平方沿着费米面的平均。

2.5.4 艾伦(Allen)、戴恩斯(Dynes)公式

1975 年,P. B. Allen 和 R. C. Dynes 对麦克米兰强耦合理论进行了修正,主要是对麦克米兰耦合参数(λ)处于大值范围时的超导转变温度进行求解,并处理关于 T_c 对声子谱形状的依赖问题。其 T_c 公式如下:

$$T_c = \frac{f_1 f_2 \omega_{\log}}{1.2} \exp\left[-\frac{1.04(1+\lambda)}{\lambda - \mu^*(1+0.62\lambda)}\right] \qquad (2-62)$$

式中

$$f_1 = \left[1 + \left(\frac{\lambda}{\Lambda_1}\right)^{\frac{3}{2}}\right]^{\frac{1}{3}} \qquad (2-63)$$

$$f_2 = 1 + \frac{\left(\dfrac{\overline{\omega_2}}{\omega_{\log}}\right)}{\lambda^2 + \Lambda_2^2} \qquad (2-64)$$

其中

$$\Lambda_1 = 2.46(1 + 3.8\mu^*) \qquad (2-65)$$

$$\Lambda_2 = 1.82(1 + 6.3\mu^*)\left(\frac{\overline{\omega_2}}{\omega_{\log}}\right) \qquad (2-66)$$

其中,$\overline{\omega_2} = \langle\omega^2\rangle^{\frac{1}{2}}$,而

$$\langle\omega^2\rangle = \frac{2}{\lambda}\int_0^\infty \omega\,\alpha^2 F(\omega)\,\mathrm{d}\omega \qquad (2-67)$$

$$\omega_{\log} = \exp\left[\frac{2}{\lambda}\int_0^\infty \frac{\mathrm{d}\omega}{\omega}\alpha^2 F(\omega)\ln\omega\right] \qquad (2-68)$$

我们称 f_1 为强耦合修正,f_2 为谱形状修正。对于耦合比较小的体系,取 f_1 和 f_2 的值为 1;而当 λ 很大时,$f_1 \sim \lambda^{1/2}$。后续章节中取 f_1 和 f_2 的值为 1 进行了超导转变温度的计算。

2.6　晶体结构的确定

材料晶体结构的确定在物理、化学等研究领域具有非常重要的作用。它是决定材料物理、化学等性质的基本因素之一。目前,实验上确定晶体结构的主要方法是 X 射线衍射(X - ray diffraction,XRD)。分析其衍射图谱,可以获得材料的成分、原子或分子的结构等信息。实验探测上使用的 X 射线有来自传统的 X 射线发生仪,也有来自同步辐射提供的 X 射线光源。但是 XRD 测量也有一些不足之处,如对于一些分子质量小的元素,其测量难度是很大的;同时,在某些极端条件下,如高压或者超高压下,测量是更具有挑战性的。当实验上所提供的结构信息不完全,或实验条件难以达到时,理论预测就成为探索材料结构的一种非常有效的手段。迅猛发展的计算机运算能力为理论上进行结构预测提供了很好的硬件保障。目前应用比较广泛的结构预测软件有基于遗传算法的 USPEX,该软件是由 A. R. Oganov 课题组研发的;还有 Y. Ma 课题组开发的 CALYPSO 软件。本书后续计算中所使用的结构预测软件是演化的局域随机结构搜索方法 ELocR。该软件是由吉林大学崔田课题组靳锡联副教授开发的。在理论上预测出结构以后,可以基于此结构拟合出 XRD 并与实验上的 XRD 结果进行对比,从而不仅可以验证我们理论上使用结构预测软件的合理性,也可以对于实验上的一些 XRD 测量结果给出相应合理的晶格信息。下面对 X 射线衍射的原理和 ELocR 结构预测方法进行简单的介绍。

2.6.1　X 射线衍射的原理

概括来讲,可以认为一个 XRD 衍射花样的特征由两方面组成:一是衍射线在空间分布的几何规律,二是衍射线的强度。

X 射线在晶体中的衍射几何规律可以通过劳厄方程、布拉格方程、衍射矢量方程和厄瓦尔德图解等方法来表达。

劳厄方程是由德国物理学家劳厄最先导出来的,其标量形式为

$$\begin{cases} a(\cos\alpha - \cos\alpha_0) = H\lambda \\ b(\cos\beta - \cos\beta_0) = K\lambda \\ c(\cos\gamma - \cos\gamma_0) = L\lambda \end{cases} \tag{2-69}$$

式中,a、b、c 为晶胞边长;α_0、β_0、γ_0 为入射点阵与晶胞基向量 $\boldsymbol{a}$、$\boldsymbol{b}$、$\boldsymbol{c}$ 的夹角;α、β、γ 为衍射线与晶胞基向量 $\boldsymbol{a}$、$\boldsymbol{b}$、$\boldsymbol{c}$ 的夹角;H、K、L 称为衍射指数,是三个正整数;λ 为 X 射线的波长。

布拉格方程最先是由英国的物理学家布拉格父子在 1912 年导出的,其关系式如下:

$$2d\sin\theta = n\lambda \tag{2-70}$$

式中,d 为相邻两个晶面之间的距离;θ 为反射线或入射线与晶面的夹角;λ 为 X 射线的波长;n 为反射级数,是正整数。

厄瓦尔德图解可以同时表达产生衍射的条件以及衍射线的方向,其示意图如图 2-19 所示。与反射球面相交的阵点都能满足衍射条件,通过衍射矢量三角形可以确定衍射的方向。

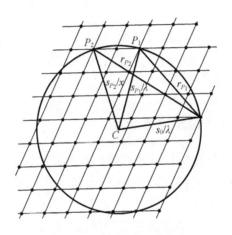

图 2-9　厄瓦尔德图解示意图

布拉格方程、劳厄方程、厄瓦尔德图解这几种方法在描述 X 射线衍射几何时是等效的,它们之间可以相互推导得到。其中,厄瓦尔德图解和布拉格方程相比于劳厄方程更具有实用价值。厄瓦尔德图解简单直观,但是如果需要进行定量的数学运算,则必须采用布拉格方程。

下面给出 X 射线衍射的强度理论公式。推导过程如下:先讨论一个电子的散射,其次研究一个原子的散射,再次研究一个单胞的散射,最后研究整个晶体给出的衍射线强度。这里略去推导过程。粉末多晶体的 XRD 衍射强度公式为

$$I = \frac{1}{32\pi R}I_0\left(\frac{e^2}{mc^2}\right)^2\frac{\lambda^3}{V_0^2}V F_{HKL}^2 P \frac{1+\cos^2 2\theta}{\sin^2\theta\cos\theta}e^{-2M}A(\theta) \tag{2-71}$$

式中,R 为衍射圆环到试样的距离;$\dfrac{1+\cos^2 2\theta}{\sin^2\theta\cos\theta}$ 是角因子,其中的 $\dfrac{1}{\sin^2\theta\cos\theta}$ 为洛伦兹因子;V_0 是正点阵的阵胞的体积;F_{HKL} 为结构因子;P 为多重性因子,随晶系以及晶面指数而变化;吸收因子 $A(\theta)=\dfrac{S}{2\mu V}$,用来校正试样的吸收对衍射强度的影响,其中 μ 为线吸收系数;e^{-2M} 代表温度因子,M 的表达式为

$$M = \frac{6\,h^2 T}{m_a k\,\Theta^2}\Big[\varphi(x)+\frac{x}{4}\Big]\frac{\sin^2\theta}{\lambda^2} \qquad (2-72)$$

式中,h 为普朗克常数;m_a 为原子的质量;k 为玻尔兹曼常数;Θ 为特征温度的平均值,$\Theta=\dfrac{h\nu_m}{k}$;$x=\dfrac{\Theta}{T}$(T 为绝对温度);θ 为半衍射角;λ 为 X 射线的波长;$\varphi(x)$ 为德拜函数,其表达式如下:

$$\varphi(x)=\frac{1}{x}\int_0^x \frac{\xi\,\mathrm{d}\xi}{e^\xi-1} \qquad (2-73)$$

式中,$\xi=\dfrac{h\nu}{kT}$(ν 为固体弹性振动频率)。

2.6.2　ELocR 晶体结构预测方法

ELocR 软件是基于演化的局域随机结构搜索方法。它结合 VASP 等第一性原理计算软件,只需要提供材料的化学成分和配比,就可以预测在给定条件下的材料的稳定或者亚稳结构。在第一代中,晶胞被建立,并且被晶胞体积、角度以及轴长所限制。晶胞中的原子在满足原子间键长的条件下是均匀随机分布的。第一性原理计算软件被用来优化这些配置从而使其达到能量最优的结构。随后,一些被优化过的具有典型特征(如更高的对称性、更低的能量)的结构被用作下一代优化的种子。然后,一部分原子通过某些操作(如蒲公英操作)偏离原来的位置,并满足一定的分布(如高斯分布)。同时,采用一定比例的第一代结构的配置来增强结构的多样性。重复上述步骤,直到能量和对称性达到收敛为止。其流程如图 2-10 所示。

此外,在一些已经报道的工作中,利用 ELocR 方法预测结构的合理性得到了很好的验证。在研究 Pb-H 体系时,利用 ELocR 方法预测出了优于相关报道的结构,如 PbH_4 和 PbH_8 配比;在研究 K_2S 和 SnH_8 的工作中,ELocR 方法的预测结果与 USPEX 方法的预测结果吻合得很好,同时,基于 ELocR 预测的 $P6_3/mmc$ (K_2S)结构所拟合的 XRD 衍射谱与实验上报道的结果吻合得很好;在后续章节

中对 Ta – H 化合物的研究中,利用 ELocR 方法预测出了 $C222$(Ta$_2$ H)和 $C2$(Ta$_5$H)两种结构,基于这两种结构模拟的 XRD 衍射谱与实验上报道的结果基本一致。

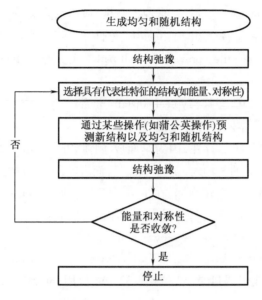

图 2 – 10 ELocR 晶体结构预测流程图

2.7 第一性原理计算常用软件

2.7.1 VASP 软件

VASP 全称 Vienna Ab – initio Simulation Package,是维也纳大学 G. Kresse 等人开发的第一性原理计算模拟软件包。该软件为商业软件,应用非常广泛。VASP 使用手册网址为 https://www. vasp. at/wiki/index. php/The_VASP_Manual。

1. VASP 软件的安装

在已安装完成的 Linux 系统中,若要安装 VASP,首先要进行 Intel ifort 和 openmpi(或 impi)的安装,下面以 Intel ifort 和 openmpi 安装为例进行说明。

（1）Intel ifort 的安装

①将安装包上传到服务器上并解压。

②切换到相应目录，并运行. /install. sh，按下回车（Enter）键。

③进入 View licenses 步骤，一直输入空格，最后输入 accept，并按下回车键。

④license 文件选择。出现 license 文件选择选项后，选择"Alternative activation, use a license file, provide the full path"，然后输入 license 文件所在绝对路径，按下回车键。

⑤安装选择。可选择 Typical Install 全部安装，或只安装 inter fortran composer，安装包具体内容可参考说明文件。

⑥目录设置。目录已存在，因为里面放了刚才的 licence 文件，所以无所谓，在出现是否 overwrite 的选项时，键入 yes。后面省略，安装完成。

⑦加入环境路径。打开终端，在主目录下（通常为/home/你的用户名，也就是打开终端时显示的路径），打开. bashrc，在最后插入：

```
source /opt/intel/bin/ifortvars.sh ia32
source /opt/intel/composer_xe_2013.2.146/mkl/bin/mklvars.sh ia32
```

注：根据情况改代码目录，32 位用 ia32，64 位用 intel64。intel 文件夹中会有多个 ifortvars. sh 文件，bin 目录下是一个索引之类的文件，composer_xe_2013. 2. 146 目录下的则只有一句路径代码，选择 bin 下的也会指到 composer_xe_2013. 2. 146 去，所以选择哪个无太大关系。

⑧切换目录到主目录（cd ~），在命令行中键入命令"source . bashrc"（以后若出现 make：找不到 ifort、gfortran 命令、文件之类的，再运行命令"source . bashrc"即可）。

⑨验证安装是否正确。

whichifort 显示路径。

测试：新建文本文档，文件名 hello. f90，文本如下：

```
program main
write( * , * ) "hello"
stop
end
```

终端切换到相应目录，ifort - o hello hello. f90，运行. /hello，终端标准输出会显示 hello。

（2）openmpi 的安装

在编译安装好 Intel ifort 编译器后，按以下顺序进行安装：

①到官网(http://www. open – mpi. org/software/ompi/v1. 8/)下载 openmpi 安装包,随后上传到服务器并解压。

②安装前的配置进入解压好的目录后,运行. /configure　– – prefix = 目录 CC = icc CXX = icpc F77 = ifort FC = ifort(若不加 CC = icc CXX = icpc F77 = ifort FC = ifort,则用 gcc 编译)。

③终端输入命令"make all install"。

④在 openmpi 目录下新建一个 openmpi. sh,文本如下:

```
export MPI = /state/partition1/zhuangquan/openmpi
export PATH = $MPI/bin:$PATH
export LD_LIBRARY_PATH = $MPI/lib:$LD_LIBRARY_PATH
export MANPATH = $MANPATH:$MPI/share/man
export INFOPATH = $INFOPATH:$MPI/share/man
export INCLUDE = $MPI/include:$INCLUDE
```

⑤然后在主目录的. bashrc 文件尾端加入:

```
source /home/zq/install/openmpi –1.8.2/openmpi.sh
```

⑥切换至主目录,运行命令"source . bashrc"。

⑦检验:

ⓐ $echo $PATH;$echo $LD_LIBRARY_PATH。

结果中显示有刚才的 bin 和 lib 路径则为配置成功。

ⓑwhich mpirun。

如显示/home/zq/install/openmpi –1. 8. 2/bin/mpirun 之类,则为配置成功。

ⓒ切换到 2. 7. 1 节(1)Intel ifort 的安装中第⑨步的目录中,运行 mpirun – np 2 hello (2 为双核),终端标准输出应显示 2 个"hello"。

(3)VASP 5. 3 版本的安装

在安装好 Intel ifort 和 openmpi 之后,基于 Intel ifort 和 openmpi 进行 VASP 5. 3 软件的安装。此处以 VASP 5. 3. 5 为例,VASP 5. 3. 2 安装方法基本类似。

①下载及解压。下载 vasp. 5. 3. 5. tar. gz 和 vasp. 5. lib. tar. gz 两个压缩包,上传到服务器,移到将要进行 VASP 安装的目录,并解压。

②编译 fftw3xf 库。首先对 Intel 中的 fftw3xf 库进行编译。切换到目录/opt/intel/composer_xe_2013. 2. 146/mkl/interfaces/fftw3xf 下,执行"make libintel64"生成链接库,也可以执行"make libintel64 compiler = icc";随后在/opt/intel/composer_xe_2013. 2. 146/mkl/include/fftw 目录下把 fftw3. f 拷贝到即将编译 vasp 的目录下。注:此处用了 Intel 的 mkl 库中的 fftw,也可以在网上下载 fftw 进行编译。

③编译 VASP lib。终端中先执行命令"cp makefile. linux_ifc_P4 makefile",然后将 makefile 中关键字修改如下:

FC = ifort

CPP = /opt/intel/cce/10.1.018/bin/icc - E - P - C $ * .F > $ * .f

CC = /opt/intel/cce/10.1.018/bin/icc

(CPP 和 CC 可改可不改)

随后在终端输入"make"进行编译;编译成功后会生成 libdmy. a 文件。

④编译 VASP。修改 VASP 的 makefile 文件如下(makefile 文件中的很多无用注释部分已省略):

```
#- - - - - - - - - - - - - - - - - - - - - - - - - - - - - - - - - - - - - - -
#fortran compiler and linker
#- - - - - - - - - - - - - - - - - - - - - - - - - - - - - - - - - - - - - - -
FC = ifort
#fortran linker
FCL = $(FC)
CPP_ =  ./preprocess < $ * .F | /usr/bin/cpp - P - C - traditional >
$ * $(SUFFIX)
CPP_ = fpp - f_com = no - free - w0 $ * .F $ * $(SUFFIX)
CPP     = $(CPP_)   - DHOST = \"LinuxIFC\" \
           - DCACHE_SIZE = 12000 - DPGF90 - Davoidalloc - DNGXhalf \
#          - DRPROMU_DGEMV   - DRACCMU_DGEMV
FFLAGS =   - FR - names lowercase - assumebyterecl
OFLAG = - O2 - ip
OFLAG_HIGH = $(OFLAG)
OBJ_HIGH =
OBJ_NOOPT =
DEBUG   = - FR - O0
INLINE = $(OFLAG)
MKL_PATH = $(MKLROOT)/lib/intel64
MKL_FFTW_PATH = $(MKLROOT)/interfaces/fftw3xf/

BLAS = - L/opt/intel/composer_xe_2013.2.146/mkl/lib/intel64 - lmkl_
intel_lp64 - lmkl_core - lmkl_sequential - lpthread

LAPACK = $(MKL_PATH)/libmkl_intel_lp64.a
```

```
LIB   = -L../vasp.5.lib -ldmy \
      ../vasp.5.lib/linpack_double.o $(LAPACK) \
      $(BLAS)


# options for linking, nothing is required (usually)
LINK =


FFT3D   = fft3dfurth.o fft3dlib.o


#- - - - - - - - - - - - - - - - - - - - - - - - - - - - - - - - -
#fortran linker for mpi
#- - - - - - - - - - - - - - - - - - - - - - - - - - - - - - - - -


FC = /home/zq/install/openmpi-1.8.2/bin/mpif90
FCL = $(FC)


#- - - - - - - - - - - - - - - - - - - - - - - - - - - - - - - - -
#- - - - - - - - - - - - - - - - - - - - - - - - - - - - - - - - -


CPP    = $(CPP_) -DMPI   -DHOST=\"LinuxIFC\" -DIFC \
      -DCACHE_SIZE=4000 -DPGF90 -Davoidalloc -DNGZhalf \
      -DMPI_BLOCK=8000 -Duse_collective -DscaLAPACK    -DRPROMU_
DGEMV   -DRACCMU_DGEMV


#- - - - - - - - - - - - - - - - - - - - - - - - - - - - - - - - -
# location of SCALAPACK
# if you do not use SCALAPACK simply leave this section commented out
#- - - - - - - - - - - - - - - - - - - - - - - - - - - - - - - - -


BLAS = -L/opt/intel/composer_xe_2013.2.146/mkl/lib/intel64 -lmkl_
intel_lp64 -lmkl_core -lmkl_sequential -lpthread
   LAPACK = -L/opt/intel/composer_xe_2013.2.146/mkl/lib/intel64 -
lmkl_intel_lp64 -lmkl_core -lmkl_sequential -lpthread
   SCA = /opt/intel/composer_xe_2013.2.146/mkl/lib/intel64/libmkl_
scalapack_lp64.a /opt/intel/composer_xe_2013.2.146/mkl/lib/intel64/
libmkl_blacs_openmpi_lp64.a
```

```
# - - - - - - - - - - - - - - - - - - - - - - - - - - - - - - - - -
# libraries
# - - - - - - - - - - - - - - - - - - - - - - - - - - - - - - - - -

LIB    = -L../vasp.5.lib -ldmy  \
         ../vasp.5.lib/linpack_double.o \
         $(SCA) $(LAPACK) $(BLAS)
```

FFT3D   = fftmpiw.o fftmpi_map.o fftw3d.o fft3dlib.o \ /opt/
intel/composer_xe_2013.2.146/mkl/interfaces/fftw3xf/libfftw3xf_intel.a

后面部分省略。

注意，以"fortran linker for mpi"为界，makefile 可以分为两部分，前部分是串行编译，后部分是并行编译。

随后终端运行命令"make"，等待 VASP 5.3.5 标准版编译完成即可。

⑤gamma 版 VASP 编译。若是编译 gamma 版（此版本对于 gamma 点的计算效率很高）或者是 non-collinear 版（此版本适用于需要 non-collinear 自旋的计算）的 VASP 5.3.5，则需要对于 makefile 中的 CPP 一项分别进行以下修改：

gamma 版本：

```
CPP    = $(CPP_) -DMPI  -DHOST=\"LinuxIFC\" -DIFC \
         -DCACHE_SIZE=4000 -DPGF90 -Davoidalloc -DNGZhalf -DwNGZhalf\
         -DMPI_BLOCK=8000 -Duse_collective -DscaLAPACK
```

non-collinear 版本：

```
CPP    = $(CPP_) -DMPI  -DHOST=\"LinuxIFC\" -DIFC \
         -DCACHE_SIZE=4000 -DPGF90 -Davoidalloc \
         -DMPI_BLOCK=8000 -Duse_collective -DscaLAPACK
```

⑥接口 wannier90 版本 VASP 编译。若是编译接口 wannier90 的 VASP 5.3.5 版本，则在 makefile 中的 CPP 和 LIB 处均需要进行修改：

```
CPP = $(CPP_) -DMPI  -DHOST=\"LinuxIFC\" -DIFC \
      -DCACHE_SIZE=4000 -DPGF90 -Davoidalloc  \
      -DMPI_BLOCK=8000 -Duse_collective -DscaLAPACK -DNGZhalf -
DVASP2WANNIER90

LIB = -L../vasp.5.lib -ldmy  \   ../vasp.5.lib/linpack_double.o
../wannier90-1.2/libwannier.a $(SCA)
```

然后重新执行"make 命令"。

另外，wannier90 的编译方法如下：

ⓐ下载安装包,上传服务器并解压后,修改 make.sys 文件如下:

```
#= = = = = = = = = = = = = = = = = = = = = = = = = = = = = = = = = = = =
# For Linux with intel version 8/9
#= = = = = = = = = = = = = = = = = = = = = = = = = = = = = = = = = = = =
F90 = ifort
FCOPTS = -O2
LDOPTS = -O2 -Vaxlib
#FCOPTS = -O0 -g -warn all -CB
#LDOPTS = -O0 -Vaxlib
#= = = = = = = = = = = = = = = = = = = = =
# INTEL MKL
#= = = = = = = = = = = = = = = = = = = = =
LIBDIR = /share/intel/composer_xe_2013_sp1.2.144/mkl/lib/intel64
LIBS = -L $(LIBDIR)  -lmkl_core -lmkl_intel_lp64 -lmkl_
sequential -lpthread
```

ⓑ终端执行命令"make all"即可。

(4)VASP 5.4.4 版本的安装

VASP 5.4.4 版本的安装要比 VASP 5.3 以及更早的版本简便很多。在安装完 intel ifort 以及需要的 mpi 后,且确定 intel 中的 fftw 库编译完成后,便可以开始进行安装。注意,VASP 5.4.4 版本最好使用较新版本的 intel 编译器。

①下载及解压。下载安装包 vasp.5.4.4.tar.gz,上传到需要安装的服务器,并利用"tar -xvzf vasp.5.4.4.tar.gz"命令解压。

②修改 makefile。进入 vasp.5.4.4 目录,将 arch 目录中的"makefile.include.linux_intel"文件拷贝为 makefile.include,利用下述命令"cd vasp.5.4.4; cp arch/makefile.include.linux_intel ./makefile.include"。其中 makefile.include 文件内容如下:

```
#Precompiler options
CPP_OPTIONS = -DHOST=\"LinuxIFC\"\
             -DMPI -DMPI_BLOCK=8000 \
             -Duse_collective \
             -DscaLAPACK \
             -DCACHE_SIZE=4000 \
             -Davoidalloc \
             -Duse_bse_te \
             -Dtbdyn \
```

```
        - Duse_shmem


  CPP          = fpp - f_com = no - free - w0   $ * $ ( FUFFIX ) $ * $ ( SUFFIX )
$ ( CPP_OPTIONS )


  FC           = mpiifort
  FCL          = mpiifort - mkl = sequential - lstdc + +


  FREE         = - free - names lowercase


  FFLAGS       = - assumebyterecl - w
  OFLAG        = - O2
  OFLAG_IN     = $ ( OFLAG )
  DEBUG        = - O0


  MKL_PATH     = $ ( MKLROOT ) / lib / intel64
  BLAS         =
  LAPACK       =
  BLACS        = - lmkl_blacs_intelmpi_lp64
  SCALAPACK    = $ ( MKL_PATH ) / libmkl_scalapack_lp64.a $ ( BLACS )


  OBJECTS      = fftmpiw.o fftmpi_map.o fft3dlib.o fftw3d.o


  INCS         = - I $ ( MKLROOT ) / include / fftw


  LLIBS        = $ ( SCALAPACK ) $ ( LAPACK ) $ ( BLAS )


  OBJECTS_O1 + = fftw3d.offtmpi.o fftmpiw.o
  OBJECTS_O2 + = fft3dlib.o


  # For what used to be vasp.5.lib
  CPP_LIB      = $ ( CPP )
  FC_LIB       = $ ( FC )
  CC_LIB       = icc
  CFLAGS_LIB   = - O
  FFLAGS_LIB   = - O1
```

```
FREE_LIB   = $(FREE)
OBJECTS_LIB = linpack_double.o getshmem.o

# For the parser library
CXX_PARS   = icpc

LIBS       + = parser
LLIBS      + = - Lparser - lparser - lstdc + +

# Normally no need to change this
SRCDIR     = ../../src
BINDIR     = ../../bin

# = = = = = = = = = = = = = = = = = = = = = = = = = = = = = = = = = = = = = =
# GPU Stuff

CPP_GPU    = - DCUDA_GPU - DRPROMU_CPROJ_OVERLAP - DUSE_PINNED_
MEMORY - DCUFFT_MIN = 28 - UscaLAPACK

OBJECTS_GPU = fftmpiw.o fftmpi_map.o fft3dlib.o fftw3d_gpu.o fftmpiw_
gpu.o

CC         = icc
CXX        = icpc
CXX        = icpc
CFLAGS     = - fPIC - DADD_ - Wall - openmp - DMAGMA_WITH_MKL - DMAGMA_
SETAFFINITY - DGPUSHMEM = 300 - DHAVE_CUBLAS

CUDA_ROOT  ? = /usr/local/cuda/
NVCC       : = $(CUDA_ROOT)/bin/nvcc - ccbin = icc
CUDA_LIB   : = - L$(CUDA_ROOT)/lib64 - lnvToolsExt - lcudart - lcuda -
lcufft - lcublas

GENCODE_ARCH : = - gencode = arch = compute_30,code = \"sm_30,compute_30\" \
                 - gencode = arch = compute_35,code = \"sm_35,compute_35\" \
                 - gencode = arch = compute_60,code = \"sm_60,compute_60\"
```

```
MPI_INC    = $(I_MPI_ROOT)/include64/
```

③intel mpi 及 openmpi 编译区别。若编译使用的 mpi 为 intel mpi,上述文件无须任何改动,直接在终端执行"make all"命令,等待编译完成即可,在 bin 目录中会生成三个 VASP 软件包的可执行文件:ⓐvasp_std,此为默认版本;ⓑvasp_ncl,此版本适用于需要 non-collinear 自旋的计算;ⓒvasp_gam,此版本对于 gamma 点的计算效率很高。

若编译使用的 mpi 为 openmpi,则在 makefile. include 中关键字部分要做如下改动:

```
FC          = mpif90
FCL         = mpif90 -mkl
BLACS       = -lmkl_blacs_openmpi_lp64
SCALAPACK   = $(MKL_PATH)/libmkl_scalapack_lp64.a $(BLACS)
OBJECTS     = fftmpiw.o fftmpi_map.o fft3dlib.o fftw3d.o  /public/
software/compiler/intel/composer_xe_2013_sp1.0.080/mkl/interfaces/
fftw3xf/libfftw3xf_intel.a
```

至此,VASP 5.4.4 版本安装编译完成,可到相应测试目录中进行计算测试。

④固定基矢优化版本 VASP 安装。大致步骤与标准版 VASP 相同,只需要对 constr_cell_relax. F 文件进行修改。修改后的文件如下:

```
! - - - - - - - - - - - - - - - - - - - - - - - - - - - - - - - - -
!
! At present, VASP does not allow to relax thecellshape selectively.
! i.e. for instance only cell relaxation in x direction.
! To be moreprecisse, this behaviour can not be achived via the INCAR
! or POSCAR file.
! However, it is possible to set selected components of the stress
tensor.
! to zero.
! The most conveninent position to do this is the routines.
! CONSTR_CELL_RELAX (constraint cell relaxation).
! FCELL contains the forces on the basis vectors.
! These forces are used to modify the basis vectors according.
! to the following equations:
!
! A_OLD(1:3,1:3) = A(1:3,1:3) ! F90 style
```

```
! DO J = 1,3
! DO I = 1,3
! DO K = 1,3
! A(I,J) = A(I,J) + FCELL(I,K) * A_OLD(K,J) * STEP_SIZE
! ENDDO
! ENDDO
! ENDDO
! where A holds the basis vectors (in cartesian coordinates).
!
! - - - - - - - - - - - - - - - - - - - - - - - - - - - - - - - - - - - -

SUBROUTINE CONSTR_CELL_RELAX(FCELL)
USEprec
REAL(q) FCELL(3,3)
DO I = 1,3
FCELL(3,I) = 0
FCELL(I,3) = 0
ENDDO

RETURN
END SUBROUTINE
```

注:对于其他方向晶格基矢的修改同理,对于 a 方向基矢,将 FCELL(3,I) 和 FCELL(I,3) 分别改为 FCELL(1,I) 和 FCELL(I,1);对于 b 方向基矢,则分别改为 FCELL(2,I) 和 FCELL(I,2);固定两个基矢则应该同时将两个方向对应的矩阵元设置为 0。之后进行编译即可。

⑤BEEF – vdW 版本 VASP 安装。beef – vdW 全称为 Bayesian error estimation functional with van der Waals correlation,是 DTU 在 2012 年推出的一个新泛函,目前与 Quantum Espresso、VASP 和 GPAW 均有接口。

ⓐ编译 libbeef。把 beef 编译到 VASP 里,首先要编译 libbeef。在网站"https://confluence. slac. stanford. edu/display/SUNCAT/BEEF + Functional + Software"下载 libbeef,上传至服务器,解压,切换到相应路径,然后依次执行以下命令进行 libbeef 编译:

```
chmod + x configure
./configure CC = icc - - prefix = /home/tangzeyuan/opt/beef
make
```

```
make install
```

ⓑ修改 makefile. include。对编译 VASP 的 makefile. include 的 CPP 和 LLIBS 两个部分进行以下修改,再进行编译即可完成。

```
CPP_OPTIONS = - DMPI - DHOST = \"IFC91_ompi\" - DIFC \
- DCACHE_SIZE = 4000 - DPGF90 - Davoidalloc \
- DMPI_BLOCK = 8000 - DscaLAPACK - Duse_collective \
- DnoAugXCmeta - Duse_bse_te \
- Duse_shmem - Dtbdyn - Dlibbeef
......
BEEF = -L/home/zq/opt/beef/lib - lbeef
......
LLIBS = $(SCALAPACK) $(LAPACK) $(BLAS) $(BEEF)
```

⑥VTST 版本 VASP 安装。VTST 是 VASP 的过渡态工具,先到其官网下载压缩包,上传至服务器并解压,将所有文件都复制到 VASP 源代码的 src 目录下,按照 VTST 网站上的安装教程修改 src/ main. F 和 src/ . objects。执行编译。

src/ main. F 文件修改如下:

```
CALL CHAIN_FORCE(T_INFO% NIONS,DYN% POSION,TOTEN,TIFOR, &
TSIF,LATT_CUR% A,LATT_CUR% B,IO% IU6)
#######删掉上面两行,用下面两行代替######
CALL CHAIN_FORCE(T_INFO% NIONS,DYN% POSION,TOTEN,TIFOR, &
TSIF,LATT_CUR% A,LATT_CUR% B,IO% IU6)
```

src/ objects 文件修改:

在 chain. o 前面加入下面两行:

```
bfgs.o dynmat.o instanton.o lbfgs.o sd.o cg.o dimer.o bbm.o \
fire.o lanczos.o neb.o qm.o opt.o \
```

⑦wannier90 接口 VASP 5. 4. 4 版本的安装。与前面 VASP 5. 3. 2 接口 wannier90 类似,此处不再赘述。

2. VASP 软件的使用

(1)VASP 输入输出文件简介

①VASP 的输入文件。VASP 的输入文件主要有 POSCAR、KPOINTS、POTCAR 以及 INCAR 等 4 个文件,下面逐一介绍说明。

ⓐPOSCAR。POSCAR 描述了体系的晶胞的结构信息,包括晶格基矢、原子位置以及是否固定原子等信息。POSCAR 文件形式如下:

```
Cubic BN              #名称
```

```
   3.57                #缩放系数
0.0 0.5 0.5             #晶格矢量
0.5 0.0 0.5             #晶格矢量
0.5 0.5 0.0             #晶格矢量
   B N                 #元素种类
   1 1                 #与上面元素种类对应的原子个数
Direct                 #确定原子坐标形式,D 开头为分数坐标,C 开头为笛卡儿坐标
0.00 0.00 0.00         #原子 1 的位置
0.25 0.25 0.25         #原子 2 的位置
```

如果想要进行原子位置固定的优化,那么需要在原子坐标后进行标注,且需要用固定基矢优化版本 VASP 进行计算。

```
Cubic BN
   3.57
0.0 0.5 0.5
0.5 0.0 0.5
0.5 0.5 0.0
   B N
   1 1
Selective dynamics
Cartesian
0.00 0.00 0.00 T T F   #T 表示对应的方向优化,F 表示对应的方向不优化
0.25 0.25 0.25 F F F   #T 表示对应的方向优化,F 表示对应的方向不优化
```

对于复杂晶体的 POSCAR,可以通过 Material Studio 或者 VESTA 等其他晶体学可视化软件,根据实验中或者是其他方式得到的晶格信息进行建模。

②KPOINTS。KPOINTS 文件是 K 点文件,主要设置了计算中需要用到的 K 点信息,可以是布里渊区中 K 点取样密度,也可以是 K 点的坐标,或者是计算能带时 K 点的高对称路径。

K 点自动产生:

```
Auto.Mesh.Kpts
0                      #0 表示根据下面的网格自动产生 K 点
Monkhorst - Pack       #使用 M - P 方法自动生成网格
19   19   8            #K 网格尺寸
0.0  0.0  0.0          #K 点相对网格原点的平移
Auto.Mesh.Kpts
0                      #0 表示根据下面的网格自动产生 K 点
```

```
Gamma                    #使用 M - P 方法以 Γ 点为中心自动产生网格
19   19   8              #K 网格尺寸
0.0  0.0  0.0            #K 点相对网格原点的平移
```

Line 模式产生 K 点。Line 模式是为能带计算设计的：

```
k - points alonghigh symmetry lines
40                       # 每两个高对称点之间插入的 K 点个数
Line - mode              #以"L"开头表示 Line 模式的 K 点
Cart                     #以笛卡儿坐标系写 K 点坐标
  0   0   0  ! gamma
  0   0   1  ! X

  0   0   1  ! X
  0.5 0   1  ! W

  0.5 0   1  ! W
  0   0   1  ! gamma
```

VASP 将会在 $\Gamma - X$、$X - W$ 以及 $W - \Gamma$ 之间各产生 40 个 K 点。上例中，第四行以字母 C 开头，表示以卡笛儿坐标系来写 K 点坐标；也可以倒格矢为单位，即第四行用字母 R 开头，如下例：

```
k - points along high symmetry lines
40                       #每两个高对称点之间插入的 K 点个数
Line - mode              #以"L"开头表示 Line 模式的 K 点
Rec                      #以倒格矢为单位写 K 点坐标
  0   0   0  ! gamma
  0   0   1  ! X

  0   0   1  ! X
  0.5 0   1  ! W

  0.5 0   1  ! W
  0   0   1  ! gamma
```

K 点手动生成：

```
Example file
4
Cartesian                #以笛卡儿坐标系写 K 点坐标
```

```
0.0  0.0  0.0   1.          #前三个数是 K 点坐标,第四个数代表 K 点权重
0.0  0.0  0.5   1.
0.0  0.5  0.5   2.
0.5  0.5  0.5   4.
Tetrahedra                  #采用四面体积分方法
1   0.183333333333333       #四面体的个数和体积与布里渊区体积比
6     1234                  #权重
```

ⓒPOTCAR。POTCAR 文件是赝势文件。VASP 中最常用的是 PAW (projector augmented wave)投影缀加平面波赝势方法。在实际计算中,要按照 POSCAR 中元素顺序,将相应元素的 POTCAR 合并为一个文件。注意:要求每类原子的赝势类型一致。切换到赝势相应路径中后,可以用下面的命令产生赝势:

```
cat B/POTCAR N/POTCAR > ../POTCAR
```

上面的命令会在赝势目录的上一层目录中产生一个新的、由 B 的 POTCAR 和 N 的 POTCAR 按顺序组合而成的新 POTCAR。

VASP 的赝势库中,有多种后缀的赝势。标准赝势没有后缀;以"_h"结尾的表示"硬"的赝势,计算结果更精确,但同时需要更高的截断能,耗费更多计算资源;以"_s"结尾的表示"软"的赝势,需要的截断能较低,耗费计算资源相对较少,但同时计算结果较粗糙;以"_GW"结尾表示的是 GW 计算专用的赝势;以"_pv""_sv""_d"等结尾的表示包含更内层的电子。在实际计算中,要根据实际情况来选定相应的赝势。

ⓓINCAR。INCAR 文件是 VASP 最核心的输入,用来设置进行什么计算,以及相应的计算精度、计算方法、收敛精度和交换关联泛函等,其格式较为自由。截至目前,关键词已有 300 余个,一般参数都有默认值,通常需要设置的参数有 10 ~ 20 个。下面以静态自洽计算,对 INCAR 文件进行简单的说明:

```
ENCUT = 1200       #设置平面波截断能
NPAR = 4           #与并行计算有关,要能被服务器 CPU 核数整除
SYSTEM = SCF       #计算的标题,不会影响实际计算
PREC = Accurate    #计算精度
EDIFF = 1E-8       #电子迭代收敛标准
ISMEAR = 0         #利用高斯展开方法确定电子的部分占据数
SIGMA = 0.05       #展开的宽度(单位:eV),与 ISMEAR 配合使用
ISTART = 0         #新作业,由 INIWAV 决定初始波函数的产生方法
ICHARG = 2         #按体系中的原子构造初始的原子密度
NSW = 0            #离子运动步数,此处为静态自洽计算,离子步数为 0
```

```
LORBIT = 10            #控制是否输出投影波函数到 PROCAR 和 PROOUT 文件
ALGO = Normal          #电子优化算法
```

②VASP 输出文件。VASP 的输出文件有很多,分别如下:

ⓐOUTCAR。OUTCAR 是最主要的输出文件,其中包含了使用的输入参数、赝势文件等的摘要、体系总能、关于电子步骤的信息、应力张量、原子受力情况、局部电荷和磁矩、介电性能以及计算是否达到收敛等。

查看计算是否收敛可以使用以下命令:

```
grep reached OUTCAR
```

出现以下显示表示计算收敛:

```
- - - - - aborting loop because EDIFF is reached - - - -    #表示自洽收敛
- - - - - aborting loop because EDIFF is reached - - - -
- - - - - aborting loop because EDIFF is reached - - - -
- - - - - aborting loop because EDIFF is reached - - - -
- - - - - aborting loop because EDIFF is reached - - - -
- - - - - aborting loop because EDIFF is reached - - - -
reached required accuracy - stopping structural energyminimisation
                                                          #离子步收敛
```

查看计算完成后的体系总能:

当 ISMEAR = −5 时,Free energy TOTEN 的数值与 energy without entropy 相等,则用"grep 'TOTEN' OUTCAR"命令,可得到如下结果:

```
free  energy  TOTEN = − 29 .66327888
```

当 ISMEAR 等于其他值时,Free energy TOTEN 与 energy without entropy 并不相等,则用"grep 'entropy = ' OUTCAR",可得到如下结果:

```
energy  without entropy = − 29 .66371603
energy( sigma − >0) = − 29 .66342460
```

ⓑOSZICAR。OSZICAR 包含了每个电子和离子自洽循环步的信息,可以利用下面的命令查看计算的最终能量:

```
tail − 1 OSZICAR
```

输出:

```
7 F = 0 .52197363E + 02 E0 = 0 .52197217E + 02   d E = − .267219E − 08
```

其中 E0 就是最终能量。

ⓒCHG 和 CHGCAR。CHG 和 CHGCAR 中均包含了电荷密度、晶格矢量和原子坐标,可以用来进行可视化。不同的是,CHGCAR 中包含了单中心占据,且可以被用来根据现有的电荷密度信息重新开始 VASP 计算。

ⓓCONTCAR。CONTCAR 中记录了计算完成后的晶格信息和原子占位信息,具有和 POSCAR 一样的格式。

ⓔDOSCAR。DOSCAR 中包含了电子态密度信息和积分电子态密度信息。

ⓕEIGENVAL。EIGENVAL 文件中包含了计算结束时,所有 K 点的 Kohn – Sham 本征值信息。对于动力学模拟,文件上的本征值通常是下一步预测的本征值。对于静态计算和结构弛豫,本征值是最后一步 Kohn – Sham 方程组的解。

ⓖIBZKPT。IBZKPT 文件包含了 K 点坐标和权重的全部信息。

ⓗWAVECAR。WAVECAR 是一个包含波函数系数、本征值等信息的二进制文件。

ⓘWAVEDER。WAVEDER 文件包含了轨道波函数对 K 的导数。

ⓙXDATCAR。XDATCAR 文件包含了分子动力学模拟中每个输出步骤的离子构型。

(2)VASP 应用算例

在计算之前,要根据实际计算的内容选择合适的赝势,确定平面波阶段能及 K 网格密度,还要明确交换关联函数的选取。相关内容可以在前人的文献中获取,或者进行收敛性测试计算。

①结构优化。

首先,利用命令"mkdir 00 – Opt"建立新的目录;其次,在其中准备好计算需要的 INCAR、KPOINTS、初始 POSCAR 及 POTCAR 文件。本处只介绍比较简便的 INCAR 和 KPOINTS 文件,通过设置 ISIF 参数为 3 进行结构优化。

INCAR 文件:

```
NPAR = 4
SYSTEM = H
PREC – Accurate
ENCUT = 1200 .00
#optimisation
#POTIM = 0.020
#ALGO = Fast
#IALGO = 48
#SYMPREC = 1E – 04
EDIFF = 1E – 5 ; EDIFFG = – 0.0001
NELMIN = 6
POTIM = 0.1
IBRION = 2 ; ISIF = 3 ; NSW = 200
```

```
ISMEAR = 1 ; SIGMA = 0.20
ISTART = 0 ; ICHARG = 2
LWAVE = FALSE ; LCHARG = FALSE
#Target Pressure
PSTRESS = 4400 #[ KBar]
ISYM = −1
```

KPOINTS 文件：

```
Auto.Mesh.Kpts
0
Monkhorst − Pack
19   19    8
0.0  0.0   0.0
```

　　在准备好上述文件后，运行 VASP 即可开始计算。若是在安装了 Intel + mpi 的单机环境中，可以利用"vi 00 − OptSingle. sh"新建一个脚本，在脚本中写入"mpirun − np 16 /share/apps/VASP/V5.3.2/vasp5.3.2. std ＞ log"，其中 16 是要使用的核心数，/share/apps/VASP/V5. 3. 2/是 VASP 可执行程序的路径，vasp5.3.2. std 是可执行程序，保存退出（vi 编辑器的保存退出是：wq）后，执行命令"chmod + x 00 − OptSingle. sh"为提交脚本赋予可执行权限，然后执行命令"nohup ./00 − OptSingle. sh &"，VASP 后台任务便开始运行了。相关日志信息保存在 log 文件中。

　　若是在 Torque（OpenPBS）+ Intel + mpi 的集群中，可以利用"vi 00 − OptPBS. sh"新建一个脚本，在脚本中加入以下内容：

```
#! /bin/bash#说明使用 bash shell
#PBS − NVaspOpt                          #任务名
#PBS − l nodes = 1:ppn = 16              #任务使用的节点数目和核数
#PBS − j n
#
#- - - - - - - - - - - - - - - - - - -
cd $PBS_O_WORKDIR                        #切换到 PBS 工作路径
#- - - - - - - - - - - - - - - - - - -
# go to workdir
# get numbers of Processor
NP =`cat $PBS_NODEFILE|wc − l`            #得到计算用的核心数
# which nodes used
cat $PBS_NODEFILE > nodes.info
```

EXEC = /share/apps/VASP/V5.3.2/vasp5.3.2.std.impi#给出 VASP 路径

COMMOND = "mpirun - np $NP - machinefile $PBS_NODEFILE $EXEC"

$COMMOND > log　　　　　　　　　　　　　　　　#任务执行的日志为 log 文件

　　然后执行命令"chmod + x 00 - OptPBS.sh"为提交脚本赋予可执行权限,再执行命令"qsub 00 - OptPBS.sh"提交任务即可。

　　日志 log 文件形式如下:

running on　24 total cores

distrk：each k - point on　24 cores,　1 groups

distr：one band on　12 cores,　4 groups

using from now：INCAR

vasp.5.4.4.18Apr17 - 6 - g9f103f2a35 (build Jun 27 2018 12:56:44) complex

POSCAR found type information on POSCAR　H

POSCAR found：1 types and　　24 ions

scaLAPACK will be used

LDA part：xc - table forPade appr. of Perdew

POSCAR, INCAR and KPOINTS ok, starting setup

FFT: planning ...

WAVECAR not read

entering main loop

　　　　N　　　EdE　　　　　d eps　　　ncg　　rms　　　　rms(c)

DAV：　1　　0.816622711111E + 02　0.81662E + 02　- 0.21141E + 04161728

0.167E + 03

DAV：　2　- 0.255987072266E + 02　- 0.10726E + 03　- 0.10103E + 03199268

0.254E + 02

DAV：　3　- 0.300048369608E + 02　- 0.44061E + 01　- 0.43477E + 01200444

0.384E + 01

　　在优化任务结束后,可以查看 OUTCAR 来判断优化是否达到收敛精度以及优化后结构的能量信息等所需要的直接信息。可以用命令"grep ' enthalpy is . * TOTEN ' OUTCAR | tail - 1"查看焓值信息;用"grep ' reached required accuracy - stopping ' OUTCAR"查看优化是否达到收敛,若达到收敛,会显示"reached required accuracy - stopping structural energy minimisation";若未达到收敛,则不会有任何输出。

　　当要进行多个压力点的优化时,如将 10 GPa 压力的结构逐次优化到 50 GPa、100 GPa、150 GPa、200 GPa,可以对提交脚本进行修改。将压力、INCAR、产生 KPOINTS 文件的命令写入提交脚本文件。而且需要准备一个 bin 文件夹,其中包含自动产生 KPOINTS 文件的脚本。将提取能量、查看优化是否达到精度的判定等命令也加入了脚本汇总,并有相应的输出。

```
#! /bin/bash                        #说明使用 bash shell
#PBS - NVaspOpt                     #任务名
#PBS - l nodes = 1:ppn = 16         #任务使用的节点数目和核数
#PBS - j n
#
#- - - - - - - - - - - - - - - - - - - - - -
cd $ PBS_O_WORKDIR                  #切换到 PBS 工作路径
#- - - - - - - - - - - - - - - - - - - - - -
# go to workdir
# get numbers of Processor
NP = `cat $ PBS_NODEFILE|wc - l`     #得到计算用的核心数
# which nodes used
cat $ PBS_NODEFILE > nodes.info
fori in 100 500 1000 1500 2000      #利用 for 循环设置压力,压力单位
                                     是 kbar

do
cat > INCAR < < EOF
NPAR = 4
SYSTEM = H
PREC = Accurate
ENCUT = 1200 .00
#optimisation
#POTIM = 0 .020
#ALGO = Fast
#IALGO = 48
#SYMPREC = 1E - 04
EDIFF = 1E - 5 ; EDIFFG = - 0.0001
NELMIN = 6
POTIM = 0 .1
IBRION = 2 ; ISIF = 3 ; NSW = 200
ISMEAR = 1 ; SIGMA = 0 .20
ISTART = 0 ; ICHARG = 2
LWAVE = FALSE ; LCHARG = FALSE
#Target Pressure
```

```
PSTRESS = $i                                    #[KBar]读入循环中设置的压力
ISYM = -1
EOF
#KPOINTS
./bin/UltraFine.x                               #自动产生 KPOINTS 文件
EXEC = /share/apps/VASP/V5.3.2/vasp5.3.2.std.impi      #给出 VASP 路径
COMMOND = "mpirun -np $NP -machinefile $PBS_NODEFILE $EXEC"
$COMMOND > log                                  #任务执行的日志为 log 文件
E =`tail -1 OSZICAR`; echo $i $E >>SUMMARY.dia
F =`grep' enthalpy is .* TOTEN' OUTCAR | tail -1`; echo $i $F >>
zToten.dia
V =`grep'volmue of cell' OUTCAR | tail -1`; echo $i $V >>zVolum.dia
W =`grep'reached required accuracy - stopping' OUTCAR`; echo $i $W
>>zWork.dia
cp OUTCARoutcar_$i                              #将 OUTCAR 保存为 outcar_$i
cp OSZICARoszicar_$i                            #将 OSZICAR 保存为 oszicar_$i
cp CONTCARcontcar_$i                            #将 CONTCAR 保存为 contcar_$i
cp KPOINTS KPOINTS_$i                           #将 KPOINTS 保存为 KPOINTS_$i
cp CONTCAR POSCAR                               #将 CONTCAR 保存为 POSCAR,用来
                                                 进行下一次循环优化
cp log log_$i                                   #将 log 保存为 log_$i
done
```

②固定基矢优化。

VASP 的晶胞优化(ISIF=3)是允许在 9 个自由度上自由弛豫的,要固定基矢优化,需要使用重新编译的固定基矢优化版本的 VASP,其他参数设置和步骤与普通优化类似。

③能带计算。

第一步,进行自洽计算。此步是为了得到自洽的电荷密度 CHG、CHGCAR,以提供给下一步非自洽计算。执行命令"mkdir 01-SCF"建立新的目录,将结构优化的 CONTCAR 拷贝到此新建的目录"cp ./00-Opt/CONTCAR ./01-SCF/POSCAR"中,然后准备 INCAR。

```
NPAR = 4
SYSTEM = SCF
PREC = Accurate
ISTART = 0
```

```
ICHARG = 2
ENCUT = 300.00
EDIFF = 1E - 6
#IALGO = 48
NSW = 0
ISMEAR = 0 ; SIGMA = 0.05
#NBANDS = 84
```

ISMEAR 和 SIGMA 设置要注意:对于半导体和非金属,ISMEAR = 0,SIGMA = 0.05;对于金属,ISMEAR = 1,SIGMA = 0.2。

POTCAR 也要准备好。然后是 KPOINTS 文件,可以用脚本自动生成,也可以手写。计算完成后,进行下一步非自洽计算。

第二步,进行能带计算。执行"mkdir 02 - Band"命令新建目录,将 01 - SCF 中的 CHG、CHGCAR、WAVECAR 都拷贝到此文件夹中。INCAR 准备如下:

```
NPAR = 4
SYSTEM = Phosphorus
PREC = Accurate
ISTART = 1                    #存在 WAVECAR,所以取 1,进行读取
ICHARG = 11                   #CHGCAR 中读入电荷分布,并且在
                               计算中保持不变

ENCUT = 300.00
EDIFF = 1E - 6
#IALGO = 48
NSW = 0
ISMEAR = 0 ; SIGMA = 0.05
NBANDS = 20
LORBIT = 10
```

NBANDS 参数:(默认值为 NELECT/2 + NIONS/2,NELECT 和 NIONS 分别为电子数和离子数,可在上一步自洽计算产生的 OUTCAR 文件中找到这两个参数,如执行下面两个命令:grep " NIONS" scf/OUTCAR,以及 grep " NELECT" scf/OUTCAR。

KPOINTS 要写为 Line - Mode 形式,给出高对称性 K 点之间的分割点数:

```
k - points along high symmetry lines
40
Line - mode
Rec
```

```
0.5 0.0 0.0 ! X
0.5 0.5 0.5 ! R

0.5 0.5 0.5 ! R
0.5 0.5 0.0 ! M

0.5 0.5 0.0 ! M
0.0 0.0 0.0 ! G

0.0 0.0 0.0 ! G
0.5 0.5 0.5 ! R
```

能带可以在计算目录中,运行脚本 ReadBandVasp. py 处理。能带信息存储在 BandsPy. dat 文件中,高对称点信息存储在 HighSymPoint. dat 文件中,如果 INCAR 中有相关胖能带的设置,则各个相关分离轨道的信息会存在 FatBandWeightDats 目录下。ReadBandVasp. py 脚本如下:

```python
#! /usr/bin/python
importnumpy as np
importlinecache,os,re

defCal_Kpath(Kpoints_List):
deltaK = 0.0
Kpath_List = [0.0]
fori in range(len(Kpoints_List)-1):
deltaK = deltaK + np.sqrt((Kpoints_List[i+1][0]-Kpoints_List[i]
[0])**2+(Kpoints_List[i+1][1]-Kpoints_List[i][1])**2+(Kpoints_
List[i+1][2]-Kpoints_List[i][2])**2)
Kpath_List.append(deltaK)
returnKpath_List

defCal_ion_number_list(POSCAR_file):
# Get atom sequence numbers.
Dict_ion_order_num = {}
Atom_name = linecache.getline(POSCAR_file,6).split()
linecache.clearcache()
Atom_numbers = [ int(x) for x in linecache.getline(POSCAR_file,7).
split() ]
```

```
linecache.clearcache()
    forcount,Atom in enumerate(Atom_name):
        if count == 0:
Dict_ion_order_num[Atom] = range(0+1,int(Atom_numbers[Atom_name.
index(Atom)])+1)
    elif count >=1:
Dict_ion_order_num[Atom] = range(sum(Atom_numbers[0:Atom_name.
index(Atom)])+1,sum(Atom_numbers[0:Atom_name.index(Atom)])+Atom_
numbers[Atom_name.index(Atom)]+1)
        returnDict_ion_order_num


def Grep_Band_energy(NumofBands,atom_order_number_list,List_Bands_
at_oneK,Rowindex,Fermi_energy,Kpoint_num,ndarray_Band):
    # Compare band energy in PROCAR with the band energy in EIGENVAL files.
Then grep the weight of one decomposed orbital at one K - point from
PROCAR.
    # Output: one-dimensionalnumpy array.
    patt_band = 'band\s+\d+\s+#\s+energy\s+(-?\d+\.\d+)\s+#'
    List_PRO_num_band = []
    List_PRO_band = []
    forcount_PRO_band, line_band in enumerate(List_Bands_at_oneK):
    m2 = re.search(patt_band,line_band)
    if m2:
    List_PRO_num_band.append(count_PRO_band)
    List_PRO_band.append(m2.group(1))
    List_out = []
    ndarray_out = np.zeros((NumofBands))
    forcount_energy, energy in enumerate(List_PRO_band):
    if (float(energy) - Fermi_energy - ndarray_Band[Kpoint_num,count_
energy+1]) <= 1e-6:
    patt_add = "("
    for na in atom_order_number_list:
    patt_add += str(na)
    if atom_order_number_list.index(na) != len(atom_order_number_
list)-1:
```

```
        patt_add + = "|"
        else :
        pass
        patt_add + = ")"
        patt_weight = "\s + " + patt_add + "\s + "
        if count_energy < NumofBands - 1 :
        for line3 in List_Bands_at_oneK[ List_PRO_num_band[ count_energy ]:
List_PRO_num_band[ count_energy + 1]] :
            if re.match( patt_weight, line3 ) :
            ndarray _ out [ count _ energy ] + = float ( line3. rstrip ( ). split ( )
[ Rowindex])
        elif count_energy = = NumofBands - 1 :
        for line4 in List_Bands_at_oneK[ List_PRO_num_band[ count_energy]:] :
                                    ifre.match( patt_weight, line4) :
            ndarray _ out [ count _ energy ] + = float ( line4. rstrip ( ). split ( )
[ Rowindex])
        #print line4,
        #print patt_weight
        returnndarray_out




    # = - - - = = = = = = = = = = = = = = = = = = = = = = = = = = = = = = =
    # = = = = = = = = = = = = Main = = = = = = = = = = = = = = = = = = = =
    # = = = = = = = = = = = = = = = = = = = = = = = = = = = = = = = = = = =


    # = = = = = = = = = = = = Input = = = = = = = = = = = = = = = = = = = =
    File_Band_Input = "EIGENVAL"
    File_OUTCAR = "OUTCAR"
    File_KPOINT = "KPOINTS"
    Start_Line = 8
    File_POSCAR = "POSCAR"
    File_PROCAR = "PROCAR"
    #File_INCAR =
    LORBIT_Num = int ( os.popen ( "grep LORBIT INCAR"). readlines ( ) [ 0].
rstrip ( ).split ( " = ") [ - 1])
```

```
ifLORBIT_Num = = 11 :
## LORBIT = 11
List_decomposed_orbital = [ "s","py","pz","px","dxy","dyz","dz2",
"dxz","dx2","f-3","f-2","f-1","f0","f1","f2","f3","tot"]
## LORBIT = 10
elif LORBIT_Num = = 10 :
List_decomposed_orbital = [ "s","p","d","f","tot"]
KPOINT_MAX_Difference = 1e-6
while True :
#= = = = = = = = = = = = = = Get Fermi Energy = = = = = = = = = = = = = = = = =
current_dir = os.getcwd()
File_Current_Dir = os.listdir(os.getcwd())
List_Input_Files = []
List_Input_Files.append(File_Band_Input)
List_Input_Files.append(File_KPOINT)
List_Input_Files.append(File_OUTCAR)
count_file = 0
Missing_File = ""
print " - " * 80
fori_f in List_Input_Files :
if i_f in File_Current_Dir :
count_file + = 1
else :
Missing_File + = i_f + " "
pass
ifcount_file = = 3 :
pass
else :
print " [ERROR] Missing Files: " + Missing_File +", break now."
break
f_fermi = os.popen("grep E-fermi OUTCAR").readline().split()
Fermi_energy = float(f_fermi[2])
print " Fermi Energy is % .4f. (Read From OUTCAR)" % Fermi_energy

#= = = = = = = = = = = = = Read Band = = = = = = = = = = = = = = = = = = = = = =
Line_info = linecache.getline(File_Band_Input,6).split()
```

```python
Num_K = int(Line_info[1])
Num_Bands = int(Line_info[2])
linecache.clearcache()
nparray_Band = np.zeros((Num_K,Num_Bands +1))
nparray_Band_2pi =np.zeros((Num_K,Num_Bands +1))
List_Kpoint = []
List_Kpoint_2pi = []
col_count = 0
forcount,line in enumerate(open(File_Band_Input)):
if count > = Start_Line -1 :
if count in np.arange(Start_Line -1,(Start_Line -1) +(Num_Bands +1 +
1) * Num_K,(Num_Bands +1 +1)) :
col_count + = 1
List_Kpoint.append([ float(x) for x in line.split()[0:3]] )
else :
if line ! = " \n" :
Tmp_Band_list = [ float(y) for y in line.split() ]
nparray_Band[col_count -1,int(Tmp_Band_list[0])] + = Tmp_Band_list
[1] -Fermi_energy
nparray_Band_2pi[col_count -1,int(Tmp_Band_list[0])] + = Tmp_Band_
list[1] -Fermi_energy
else :
pass
#os.system("awk ' / k -points in units of 2pi \ /SCALE and weight: /, / k -
points in reciprocal lattice and weights: /' OUTCAR > ZQK.dat")
Tmp_K2pi = os.popen( " awk ' / k -points in units of 2pi \ /SCALE and
weight: /, / k -points in reciprocal lattice and weights: /' OUTCAR ").
readlines()
for i2 in  Tmp_K2pi[1: -2] :
List_Kpoint_2pi.append([ float(x) for x in i2.split()[0:3]])
Kpath_OUT = Cal_Kpath(List_Kpoint)
Kpath_OUT_2pi =Cal_Kpath(List_Kpoint_2pi)
for j in range(len(Kpath_OUT)) :
nparray_Band[j,0] + = Kpath_OUT[j]
nparray_Band_2pi[j,0] + = Kpath_OUT_2pi[j]
np.savetxt("BandsPy.dat",nparray_Band,fmt = "% .4f")
```

```
np.savetxt("BandsPy2piK.dat",nparray_Band_2pi,fmt="% .4f")
print " Electronic BandDatas have been writen into BandsPy.dat and
BandsPy2piK.dat!"


#= = = = = = = = = = = = Get HighSym Position = = = = = = = = = = = =

K_split = int(linecache.getline(File_KPOINT,2).split()[0])
linecache.clearcache()
Tmp_HighSymPoint = "High symmetry point:\n"
Tmp_HighSymPoint_2pi = "High symmetry point:\n"
for k in range(0,Num_K,K_split):
Tmp_HighSymPoint += "% .4f" % nparray_Band[:,0][k]
Tmp_HighSymPoint += "\n"
Tmp_HighSymPoint_2pi += "% .4f" % nparray_Band_2pi[:,0][k]
Tmp_HighSymPoint_2pi += "\n"
Tmp_HighSymPoint += "% .4f" % nparray_Band[:,0][-1] + "\n"
Tmp_HighSymPoint_2pi += "% .4f" % nparray_Band_2pi[:,0][-1] + "\n"
open("HighSymPoint.dat","w").write(Tmp_HighSymPoint)
open("HighSymPoint2piK.dat","w").write(Tmp_HighSymPoint_2pi)
print " High symmetry point have beenwriten into HighSymPoint.dat!"


#= = = = = = = = = = = = = = = = = = = = = = = = = = = = = = = = = = =
#= = = = = = = = = = = = GrepFat_Band Datas = = = = = = = = = = = = =
#= = = = = = = = = = = = = = = = = = = = = = = = = = = = = = = = = = =
print " - " * 80
Judge_FatBand = raw_input(" Grep the Fat Band datas from PROCAR? y or
[Enter] for yes, other input for no.\n Please input: ")
ifJudge_FatBand = = "y" or Judge_FatBand = = "" or Judge_FatBand = =
"\s":
while True :
Atom_name = linecache.getline(File_POSCAR,6).split()
linecache.clearcache()
Atom_numbers = linecache.getline(File_POSCAR,7).split()
linecache.clearcache()
print " For Fat Band..."
print " Atom species are: " + " ".join(Atom_name)
```

```
print " Respective atom numbers are: " + " ".join(Atom_numbers)


#= = = = = = = = = Judge if read all orbitals for all atoms = = = = = =
Judge_allornot = raw_input(" Read all the decomposed orbitals ? yes
or all for all, others for no.\n Please Input: ")
while True :
if Judge_allornot = = "y" or Judge_allornot = = "yes" or Judge_
allornot = = "all" or Judge_allornot = = "All" :
judge_all = 1
break
else :
judge_all = 0
Display_atom, Decomposed_orbital = raw_input(" All decomposed
orbitals are:\n " + " ".join(List_decomposed_orbital) + "\n Please Input
the atom specie and decomposed orbital or orbital(s p d): ").split()
if Display_atom not in Atom_name or Decomposed_orbital not in List_
decomposed_orbital :
print " [ERROR] Input atom or orbital wrong, please input again. "
continue
else :
pass
break


#= = = = = = = = = = = = Compare k-points = = = = = = = = = = = = = = = = = =
Check_Line02 = linecache.getline(File_PROCAR,2).split()
linecache.clcarcache()
Check_NK, Check_NBand, Check_NAtom = int(Check_Line02[3]),int(Check_
Line02[7]),int(Check_Line02[11])
if Check_NK = = Num_K and Check_NBand = = Num_Bands and Check_NAtom = =
sum([ int(x) for x in Atom_numbers ]) :
pass
else :
print " [ERROR] Numbers of K or Bands or Atoms are Wrong! Break Now."
break
List_PRO_num_kpoint = []
List_PRO_KPOINTS = []
```

```
List_PROCAR_lines = []
judge_K_is_float = 0
for count_PRO_K,line_PRO in enumerate(open(File_PROCAR)):
patt_KPOINT = '\s*k-point\s*\d+\s*:(\s*-?\d+\.\d+\s*-?\d+\.\d+\s*-?\d+\.\d+)'
List_PROCAR_lines.append(line_PRO)
m1 = re.search(patt_KPOINT,line_PRO)
if m1:
List_PRO_num_kpoint.append(count_PRO_K)
try:
List_PRO_KPOINTS.append([float(z) for z in m1.group(1).split()])
judge_K_is_float = 1
except ValueError:
judge_K_is_float = 0
ndarray_EGI_K = np.array(List_Kpoint)
if judge_K_is_float == 1:
ndarray_PRO_K = np.array(List_PRO_KPOINTS)
if np.max(np.abs(ndarray_PRO_K-ndarray_EGI_K)) >= KPOINT_MAX_Difference:
print "[ERROR] KPOINTS are different in " + File_PROCAR + " and " + File_Band_Input + "! Break now."
break
else:
pass
elif judge_K_is_float == 0:
print "[Warning] Ingore the comparing of each K-point because of the format of K-point in PROCAR."
pass


#============= Read band energy at each k-points =====
patt_decomposed_orbital = "ion\s*"
for line1 in List_PROCAR_lines[List_PRO_num_kpoint[0]:List_PRO_num_kpoint[1]]:
if re.search(patt_decomposed_orbital,line1):
List_PROCAR_decomposed = line1.rstrip().split()
```

```
else :
pass
Dict_ion_order = Cal_ion_number_list(File_POSCAR)
#print Dict_ion_order
# = = = = = = = = = = = = = Read for one orbital of one atom = = = = = = =
if judge_all = = 0 :
Index_Decomposed = int(List_PROCAR_decomposed.index(Decomposed_
orbital))
    print " "+Display_atom+"_"+Decomposed_orbital+" is in the "+str
(Index_Decomposed+1)+" row in "+File_PROCAR+" file."
    ndarray_weight_out = np.zeros((Num_K,Num_Bands))
    #print Dict_ion_order[Display_atom]
    for nk in range(Num_K-1) :
    Tmp_array_weight = Grep_Band_energy(Num_Bands,Dict_ion_order
[Display_atom],List_PROCAR_lines[List_PRO_num_kpoint[nk]:List_PRO_num_
kpoint[nk+1]],Index_Decomposed,Fermi_energy,nk,nparray_Band)
    ndarray_weight_out[nk] + = Tmp_array_weight
    Tmp_array_weight = Grep_Band_energy(Num_Bands,Dict_ion_order
[Display_atom],List_PROCAR_lines[List_PRO_num_kpoint[Num_K-1]:],Index_
Decomposed,Fermi_energy,Num_K-1,nparray_Band)

    ndarray_weight_out[Num_K-1] + = Tmp_array_weight
    OUT_weight_file_name = Display_atom+"_"+Decomposed_orbital+" -
weight.dat"

    # = = = = = = = = = = = = =mkdir and save weight files = = = = = = = - =
    if os. path. exists ( " FatBandWeightDats ") and os. path. isdir ( "
FatBandWeightDats") :
    pass
    else :
    os.mkdir("FatBandWeightDats")
    os.chdir("FatBandWeightDats")
    np.savetxt(OUT_weight_file_name,ndarray_weight_out,fmt = "% .4f")
    os.chdir(current_dir)
    print " - "*80
    print " The "+OUT_weight_file_name+" has been saved into the
```

```
dircetory: ./FatBandWeightDats."
    print " - " * 80
    JudgeCircle = raw_input(" Grep another Fat band weight? y or [Enter]
for yes, other input for no.\n Please input: ")
    if JudgeCircle = = "y" or JudgeCircle = = "" or JudgeCircle = = "\s" :
    pass
    else :
    print " - " * 80
    break

    # = = = = = = = = = = = = = Read for all orbitals of all atoms = = = = = =
    elif judge_all = = 1 :
    print " - " * 80
    print " Target atoms: " + " ".join(Atom_name) + " ."
    print " Target orbitals: " + " ".join(List_decomposed_orbital) + " ."
    print " - " * 80
    List_out_weight_name = []
    for Display_atom in Atom_name :
    for Decomposed_orbital in List_decomposed_orbital :
    try :
    Index_Decomposed = int(List_PROCAR_decomposed.index(Decomposed_
orbital))
    print " " + Display_atom + "_" + Decomposed_orbital + " is in the " + str
(Index_Decomposed + 1) + " row in " + File_PROCAR + " file."
    except ValueError :
    print " [Warning] " + Display_atom + " has no " + Decomposed_orbital + "
orbital."
    continue
    ndarray_weight_out = np.zeros((Num_K,Num_Bands))
    #print Dict_ion_order[Display_atom]
    for nk in range(Num_K - 1) :
    Tmp_array_weight = Grep_Band_energy(Num_Bands,Dict_ion_order
[Display_atom],List_PROCAR_lines[List_PRO_num_kpoint[nk]:List_PRO_num_
kpoint[nk + 1]],Index_Decomposed,Fermi_energy,nk,nparray_Band)
    ndarray_weight_out[nk] + = Tmp_array_weight
    Tmp_array_weight = Grep_Band_energy(Num_Bands,Dict_ion_order
```

```
[Display_atom],List_PROCAR_lines[List_PRO_num_kpoint[Num_K-1]:],Index_
Decomposed,Fermi_energy,Num_K-1,nparray_Band)
```

```
    ndarray_weight_out[Num_K-1] + = Tmp_array_weight
    OUT_weight_file_name = Display_atom + "_" + Decomposed_orbital + " -
weight.dat"
    List_out_weight_name.append(OUT_weight_file_name)

    #= = = = = = = = = = = = mkdir and save weight files = = = = = = = = =
    if os. path. exists ( " FatBandWeightDats ") and os. path. isdir ( "
FatBandWeightDats") :
    pass
    else :
    os.mkdir("FatBandWeightDats")
    os.chdir("FatBandWeightDats")
    np.savetxt(OUT_weight_file_name,ndarray_weight_out,fmt = "% .4f")
    os.chdir(current_dir)
    print " - " * 80
    print " The weight files has been saved into the dircetory: ./
FatBandWeightDats."
    print " Filenames are: \n" + "; ".join(List_out_weight_name)
    print " - " * 80
    break

    else :
    print " No Fat Band Grep."
    print " - " * 80
    break
    break
```

第三步,进行电子态密度计算。执行"mkdir 03 - DOS"命令新建目录,将01 - SCF 中的 CHG、CHGCAR、WAVECAR 都拷贝到此文件夹中。INCAR 准备如下:

```
    NPAR = 4
    SYSTEM = Phosphorus
    PREC = Accurate
    ISTART = 1
```

```
ICHARG = 11
ENCUT = 300.00
EDIFF = 1E-6
NSW = 0
ISMEAR = -5
LORBIT = 10
NEDOS = 1000
```

NEDOS 默认为 300,设置为 1000 可以使数据点更多,最终得到的电子态密度图更平滑。KPOINTS 文件注意要设置更密的网格。计算结果可以用 ReadElecDosVASP. py 脚本处理。处理的结果保存在 ElecDosPyDats 文件夹中,脚本如下:

```python
#! /usr/bin/python
importlinecache,os
importnumpy as np


defCal_ion_number_list(POSCAR_file):
# Get atom sequence numbers.
    Dict_ion_order_num = {}
    Atom_name = linecache.getline(POSCAR_file,6).split()
    linecache.clearcache()
    Atom_numbers = [ int(x) for x in linecache.getline(POSCAR_file,
7).split() ]
    linecache.clearcache()
    forcount,Atom in enumerate(Atom_name):
        if count == 0:
            Dict_ion_order_num[Atom] = range(0+1,int(Atom_numbers
[Atom_name.index(Atom)])+1)
        elif count >=1 :
            Dict_ion_order_num[Atom] = range(sum(Atom_numbers[0:
Atom_name.index(Atom)])+1,sum(Atom_numbers[0:Atom_name.index(Atom)])
+Atom_numbers[Atom_name.index(Atom)]+1)
        returnDict_ion_order_num


defInsert_annotation(File,Header):
    f = open(File,"r").readlines()
    Tmp = Header+"\n"
```

```
    for l in f :
        Tmp += l
    open(File,"w").write(Tmp)
  def GetEveryDos (DOS FileTotal, StartLine, EndLine, EnergyLine,
DosLineNum,OutFileName) :
  DosFile = DOSFileTotal
  TotDos = np.array([ x.rstrip().split() for x in DosFile[StartLine:
EndLine] ]).astype(np.float64)
  TDosN = np.hstack((EnergyLine.reshape(DosLineNum,1),TotDos[:,1:]))
  np.savetxt(OutFileName,TDosN,fmt="% .4e",delimiter="\t")
  H_List = ["#Energy","s","py","pz","px","dxy","dyz","dz2","dxz","
dx2","f-3","f-2","f-1","f0","f1","f2","f3"]
  Header = "\t\t".join(H_List[0:len(TotDos[0,:])])
  Insert_annotation(OutFileName,Header)
  returnTDosN
  defCalLorbit(ArrayProj,OutNameProj,DosLineNum,OutNameLDOS) :
  H_List = ["#Energy","s","py","pz","px","dxy","dyz","dz2","dxz","
dx2","f-3","f-2","f-1","f0","f1","f2","f3"]
  np.savetxt(OutNameProj,ArrayProj,fmt="% .4e",delimiter="\t")
  Header1 = "\t\t".join(H_List[0:len(ArrayProj[0,:])])
  Insert_annotation(OutNameProj,Header1)
  Energy = ArrayProj[:,0].reshape(DosLineNum,1)
  Header2 = ["s","p","d","f"]
  NumProj = len(ArrayProj[0,:]) -1

  ifNumProj >= 1 :
     LDOS_s = ArrayProj[:,1].reshape(DosLineNum,1)
     OutLDOSArray = np.hstack((Energy,LDOS_s))
     Header2 = ["#Energy","s"]

     if NumProj >= 4 :
        LDOS_p = np.zeros((DosLineNum,1))
        for i in range(2,5) :
           LDOS_p += ArrayProj[:,i].reshape(DosLineNum,1)
        OutLDOSArray = np.hstack((Energy,LDOS_s,LDOS_p))
        Header2 = ["#Energy","s","p"]
```

```
        if NumProj >= 9 :
            LDOS_d = np.zeros((DosLineNum,1))
            for i in range(5,10) :
                LDOS_d += ArrayProj[:,i].reshape(DosLineNum,1)
            OutLDOSArray = np.hstack((Energy,LDOS_s,LDOS_p,LDOS_d))
            Header2 = ["#Energy","s","p","d"]

            if NumProj >= 16 :
                LDOS_f = np.zeros((DosLineNum,1))
                for i in range(10,17) :
                    LDOS_f += ArrayProj[:,i].reshape(DosLineNum,1)
                OutLDOSArray = np.hstack((Energy,LDOS_s,LDOS_p,LDOS_
d,LDOS_f))
                Header2 = ["#Energy","s","p","d","f"]


    np.savetxt(OutNameLDOS,OutLDOSArray,fmt="% .4e",delimiter="\t")
    Insert_annotation(OutNameLDOS,"\t\t".join(Header2))



def GetDosLORBIT11(DOSCAR_file,list_ion,CurDir,OutDir) :
# Get DosDatas for LORBIT=11.
patt_split_line = linecache.getline(DOSCAR_file,6)
    linecache.clearcache()
Efermi = float(patt_split_line.split()[3])
DosLineNum = int(patt_split_line.split()[2])
Orbital = ["s","p","d","f"]

DOSFileTotal = linecache.getlines(DOSCAR_file)
TotDos = np.array([ x.rstrip().split() for x in DOSFileTotal[6:6+
DosLineNum] ]).astype(np.float64)
EnergyLine = TotDos[:,0]-Efermi
TDosN = np.hstack((EnergyLine.reshape(DosLineNum,1),TotDos[:,1:]))
os.chdir(OutDir)
np.savetxt("TotalDos.dat",TDosN,fmt="% .4e",delimiter="\t")
Insert_annotation("TotalDos.dat","#Energy"+2*"\t"+"Dos"+2*"\t"+"
IntegralDos")
```

```
forElem_list in list_ion :
    for num,i in enumerate(Elem_list[1]) :
        OutFileName = "Atom_"+Elem_list[0]+str(i)+".dat"
        Tmp_Proj = GetEveryDos(DOSFileTotal,6+(DosLineNum+1)*i,
6+(DosLineNum+1)*(i+1)-1,EnergyLine,DosLineNum,OutFileName)
        EnergyArray = Tmp_Proj[:,0]
        if num == 0 :
            ProjDos = Tmp_Proj[:,1:]
        else :
            ProjDos += Tmp_Proj[:,1:]
    OutNameProj = "Elem_"+Elem_list[0]+"-ProjDos.dat"
    OutNameLDOS = "LDOS_Elem_"+Elem_list[0]+".dat"
    CalLorbit(np.hstack((EnergyArray.reshape(DosLineNum,1),ProjDos)),
OutNameProj,DosLineNum,OutNameLDOS)
    linecache.clearcache()
os.chdir(CurDir)


def GetEveryDos2 ( DOSFileTotal, StartLine, EndLine, EnergyLine,
DosLineNum,OutFileName) :
    DosFile = DOSFileTotal
    TotDos = np.array([ x.rstrip().split() for x in DosFile[StartLine:
EndLine] ]).astype(np.float64)
    TDosN = np.hstack((EnergyLine.reshape(DosLineNum,1),TotDos[:,1:]))
    np.savetxt(OutFileName,TDosN,fmt="% .4e",delimiter="\t")
    H_List = ["#Energy","s","p","d","f"]
    Header = "\t\t".join(H_List[0:len(TotDos[0,:])])
    Insert_annotation(OutFileName,Header)
    returnTDosN


def CalLorbit2(ArrayProj,DosLineNum,OutNameLDOS) :
    H_List = ["#Energy","s","p","d","f"]
    np.savetxt(OutNameLDOS,ArrayProj,fmt="% .4e",delimiter="\t")
    Header1 = "\t\t".join(H_List[0:len(ArrayProj[0,:])])
    Insert_annotation(OutNameLDOS,Header1)


def GetDosLORBIT10(DOSCAR_file,list_ion,CurDir,OutDir) :
```

```
# Get DosDatas for LORBIT = 10.
patt_split_line = linecache.getline(DOSCAR_file,6)
linecache.clearcache()
Efermi = float(patt_split_line.split()[3])
DosLineNum = int(patt_split_line.split()[2])
Orbital = ["s","p","d","f"]

DOSFileTotal = linecache.getlines(DOSCAR_file)
TotDos = np.array([ x.rstrip().split() for x in DOSFileTotal[6:6 +
DosLineNum] ]).astype(np.float64)
EnergyLine = TotDos[:,0] - Efermi
TDosN = np.hstack((EnergyLine.reshape(DosLineNum,1),TotDos[:,1:]))
os.chdir(OutDir)
np.savetxt("TotalDos.dat",TDosN,fmt = "% .4e",delimiter = "\t")
Insert_annotation("TotalDos.dat","#Energy" + 2 * "\t" + "Dos" + 2 * "\t" +
"IntegralDos")

forElem_list in list_ion :
    for num,i in enumerate(Elem_list[1]) :
        OutFileName = "Atom_" + Elem_list[0] + str(i) + ".dat"
        Tmp_Proj = GetEveryDos2(DOSFileTotal,6 + (DosLineNum + 1) * i,
6 + (DosLineNum + 1) * (i + 1) - 1,EnergyLine,DosLineNum,OutFileName)
        EnergyArray = Tmp_Proj[:,0]
        if num = = 0 :
            LDos = Tmp_Proj[:,1:]
        else :
            LDos + = Tmp_Proj[:,1:]
    OutNameL = "Elem_" + Elem_list[0] + " - LDos.dat"
    OutNameLDOS = "LDOS_Elem_" + Elem_list[0] + ".dat"
    CalLorbit2(np.hstack((EnergyArray.reshape(DosLineNum,1),LDos)),
DosLineNum,OutNameLDOS)
    linecache.clearcache()
    os.chdir(CurDir)

if __name__ = = "__main__" :
PosFile = "POSCAR"
```

```
DosFile = "DOSCAR"
CurDir = os.getcwd()
OutDir = CurDir + "/ElecDosPyDats"
ifos.path.exists(OutDir) :
    pass
else :
    os.mkdir(OutDir)
Ion_Dict = Cal_ion_number_list(PosFile)
List_Ion = []
forkey,value in Ion_Dict.items() :
List_Ion.append([key,value])
    List_Ion_Sort = sorted(List_Ion,key = lambda x : int(x[1][0]))
LORBIT_Num = int(os.popen("grep LORBIT INCAR").readlines()[0].
rstrip().split("=")[-1])
#printLORBIT_Num


ifLORBIT_Num == int(11) :
    print "Your LORBIT in INCAR is setted as 11."
    print "The Projected DOS (s,py,pz,px,dxy,dyz...) are calculated."
    GetDosLORBIT11(DosFile,List_Ion_Sort,CurDir,OutDir)
elif LORBIT_Num == int(10) :
    print "Your LORBIT in INCAR is setted as 10."
    print "The Local DOS (s,p,d,f) are calculated."
    GetDosLORBIT10(DosFile,List_Ion_Sort,CurDir,OutDir)
```

①杂化泛函计算能带和电子态密度。

普通的 semi - local(主要是指 LDA 和 GGA)方法对于半导体材料的带隙(E_g)计算存在问题,一般低估 1 ~ 2 eV。使用杂化泛函是一种较好的计算带隙的方法。下面对利用 VASP + HSE06 泛函计算能带和电子态密度进行说明。

第一步,利用普通 DFT 计算优化完毕的结构,进行普通 DFT 的自洽计算。为得到较好的波函数和较好的电荷密度,精度要比之前的普通自洽计算精度的高,对称性要关闭。INCAR 如下:

```
NPAR = 4
SYSTEM = DFT.SCF
PREC = Accurate
ISTART = 0
```

```
ICHARG = 2
ENCUT = 500.00
EDIFF = 1E-8
ALGO = Normal
IBRION = -1
NSW = 0
ISMEAR = 0 ; SIGMA = 0.05
LCHARG = .TRUE.
LWAVE = .TRUE.
```

第二步,进行 HSE 的自洽计算。需要拷贝上一步的 CHGCAR 和 WAVECAR 到此文件夹中。INCAR 中除 HSE 相关参数以外,要保持与上面的参数一致,具体如下:

```
NPAR = 4
SYSTEM = Phosphorus
PREC = Accurate
#ISTART = 1
#ICHARG = 2
ENCUT = 500.00
EDIFF = 1E-5
#ALGO = Normal
IBRION = -1
ISIF = 2
NELM = 200
NSW = 0
ISMEAR = 0 ; SIGMA = 0.05
LCHARG = .TRUE.
LWAVE = .TRUE.
LREAL = .FALSE.
NEDOS = 1000
#HSE                                        #以下几行是 HSE 相关计算参数设置
LHFCALC = T
HFSCREEN = 0.2
AEXX = 0.25
PRECFOCK = Fast
ALGO = Damped
TIME = 0.4
```

此步骤中的计算结果可以用来直接提取 DOS。

第三步,进行能带计算。HSE 的能带计算是自洽计算,与普通 PBE 的能带计算不同,对于 KPOINTS 文件,设置比较特殊。

```
INCAR：
NPAR = 4
SYSTEM = Phosphorus
PREC = Accurate
#ISTART = 1
#ICHARG = 2
ENCUT = 500.00
EDIFF = 1E - 5
#ALGO = Normal
IBRION = - 1
ISIF = 2
NELM = 200
NSW = 0
ISMEAR = 0 ; SIGMA = 0.05
LCHARG = .TRUE.
LWAVE = .TRUE.
LREAL = .FALSE.


#HSE
LHFCALC = T
HFSCREEN = 0.2
AEXX  - 0.25
PRECFOCK = Fast
ALGO = Damped
TIME = 0.4
NSIM = 4
```

KPOINTS 文件中包含两部分,前半部分是 *K* 网格,带有权重;后半部分是 *K* 路径,计算时不参与抽样,只计算本征值,用以进行能带的计算。

```
Automatically generated mesh
    359
Reciprocal lattice
```

0 .00000000000000	0 .00000000000000	0 .00000000000000	1
0 .05263157894737	− 0 .00000000000000	0 .00000000000000	6
0 .10526315789474	0 .00000000000000	0 .00000000000000	6
0 .15789473684211	0 .00000000000000	0 .00000000000000	6
0 .21052631578947	0 .00000000000000	0 .00000000000000	6
0 .26315789473684	0 .00000000000000	0 .00000000000000	6
0 .31578947368421	0 .00000000000000	0 .00000000000000	6
0 .36842105263158	− 0 .00000000000000	0 .00000000000000	6
0 .42105263157895	0 .00000000000000	0 .00000000000000	6
0 .47368421052632	− 0 .00000000000000	0 .00000000000000	6
0 .05263157894737	0 .05263157894737	0 .00000000000000	12
0 .10526315789474	0 .05263157894737	0 .00000000000000	24
0 .15789473684211	0 .05263157894737	0 .00000000000000	24
0 .21052631578947	0 .05263157894737	− 0 .00000000000000	24
0 .26315789473684	0 .05263157894737	0 .00000000000000	24
0 .31578947368421	0 .05263157894737	0 .00000000000000	24
0 .36842105263158	0 .05263157894737	0 .00000000000000	24
......			
0 .36842105263158	0 .36842105263158	0 .36842105263158	8
0 .42105263157895	0 .36842105263158	0 .36842105263158	24
0 .47368421052632	0 .36842105263158	0 .36842105263158	24
0 .42105263157895	0 .42105263157895	0 .36842105263158	24
0 .47368421052632	0 .42105263157895	0 .36842105263158	48
0 .47368421052632	0 .47368421052632	0 .36842105263158	24
0 .42105263157895	0 .42105263157895	0 .42105263157895	8
0 .47368421052632	0 .42105263157895	0 .42105263157895	24
0 .47368421052632	0 .47368421052632	0 .42105263157895	24
0 .47368421052632	0 .47368421052632	0 .47368421052632	8

0 .500000　0 .000000　0 .000000　0 .00　　　　　#以下部分便是 K‑path
0 .500000　0 .014286　0 .014286　0 .00
0 .500000　0 .028571　0 .028571　0 .00
0 .500000　0 .042857　0 .042857　0 .00
......

普通 PBE 计算能带可以用 Line‑mode 形式输入 K 点;而利用 HSE 计算能带,K‑path 上的 K 点坐标需要利用脚本 GkVasp. py 产生。将普通自洽中的 IBZKPT 文件与高对称路径的高对称点文件合并,生成新的 KPOINTS。生成

KPOINTS_Reci 的脚本如下:

```
importos,re,math,sys
importnumpy as np
defGet_Kpts_vector_crystal_coord_ndarray(filename):
    #patt_vector_crystal = "([a-zA-Z])\s*(-?\d+\.\d+\s+-?\d
+\.\d+\s*-?\d+\.\d+)"
    patt_vector_crystal = "([a-zA-Z])\s*(-?\d+\.?\d*\s+-?\d
+\.?\d*\s*-?\d+\.?\d*)"
    List_vector_crystal = []
    List_high_point = []
    List_reci_axes = []
    for line in open(filename):
        m = re.search(patt_vector_crystal,line)
        if m:
            List_vector_crystal.append([ float(x) for x in m.group
(2).split() ])
            List_high_point.append(m.group(1))
    Tmp_File = open(filename).readlines()
    LenK = len(List_high_point)+2
    fori in [0,1,2]:
        List_reci_axes.append([ float(x) for x in Tmp_File[LenK+i].
split()[3:] ])
    returnnp.array(List_vector_crystal),List_high_point,List_reci_axes


defCryToCart(KCryHsym_file):
    ndarray_reci_axes = Get_Kpts_vector_crystal_coord_ndarray
(KCryHsym_file)[2]
    print(ndarray_reci_axes)
    ndarray_KCryHsym = Get_Kpts_vector_crystal_coord_ndarray
(KCryHsym_file)[0]
    print(ndarray_KCryHsym)
    nKCry = len(ndarray_KCryHsym[:,1])
    ndarray_KCartHsym = np.zeros((nKCry,3))
    fornk in range(nKCry):
        ndarray_KCartHsym[nk,:] += np.dot(ndarray_KCryHsym[nk,:],
ndarray_reci_axes)
```

```
        returnndarray_KCartHsym,ndarray_KCryHsym


    defGet_rd(ndarray_CartHsym) :
        nKCart = len(ndarray_CartHsym[:,0])
        List_rd = []
        fornkc in range(nKCart-1) :
        List_rd.append(math.sqrt((ndarray_CartHsym[nkc+1,0]-ndarray_
CartHsym[nkc,0]) * *2+(ndarray_CartHsym[nkc+1,1]-ndarray_CartHsym
[nkc,1]) * *2+(ndarray_CartHsym[nkc+1,2]-ndarray_CartHsym[nkc,2]) *
*2))
        returnnp.array(List_rd)


    defGen_Kpath(ndarray_CartHsym,ndarray_rd) :
        nKCart = len(ndarray_CartHsym[:,0])
        ndarray_pk = np.zeros((np.sum(ndarray_rd)+1,3))
        ndarray_weight = np.ones((np.sum(ndarray_rd)+1,1))
        ndarray_pk[0]+ =ndarray_CartHsym[0]
        npk = 0
        List_npk = [1]
        fornumhk in range(1,nKCart) :
            ndarray_delxyz = (ndarray_CartHsym[numhk]-ndarray_CartHsym
[numhk-1])/float(ndarray_rd[numhk-1])
                for numrd in range(ndarray_rd[numhk-1]) :
                    npk + = 1
                     ndarray_pk[npk] + = ndarray_pk[npk-1]+ndarray_
delxyz
                List_npk.append(npk+1)
        return np.hstack((ndarray_pk,ndarray_weight)),np.hstack
((ndarray_pk,np.array(List_npk).reshape(len(List_npk),1)))


    while True :
        if len(sys.argv[:]) ! = 2 :
            print(" Arguments wrong, break now ! ")
            print(" Usage: gkVasp.py sym1")
            break
        else :
```

```
kcrhsymfile = sys.argv[1]
#Scf_file = sys.argv[2]
np_CartHsym = CryToCart(kcrhsymfile)[0]
np_CryHsym = CryToCart(kcrhsymfile)[1]
  List_HighK = Get_Kpts_vector_crystal_coord_ndarray
(kcrhsymfile)[1]
Tmp_CartHsym = "#High symmetry Points [Cartesian] Coord\n" + "
  " + str(len(List_HighK)) + "\n"
Tmp_Kpathini = ""
np.savetxt("CartHsym.out",np_CartHsym,fmt = "% .8f")
for numC,lineC in enumerate(open("CartHsym.out")) :
    Tmp_CartHsym + = List_HighK[numC] + "  " + lineC
print(" - " * 60)
tar_multi = int(input(" Please input the multiple : "))
print(" = " * 60)
RD =  np.array([ int(round(x)) for x in list(Get_rd(np_
CartHsym) * tar_multi) ])
RD2 =  np.array([ int(round(x)) for x in list(Get_rd(np_
CryHsym) * tar_multi) ])
print(" Target division between High symmetry points: ")
print(" Cart:")
print(" " + " ".join([ str(x) for x in list(RD) ]))
print(" Number of KPOINTS :")
print(" " + str(sum(RD)) + " + 1 = " + str(sum(RD) + 1))
print(" - " * 60)
print(" Reci:")
print(" " + " ".join([ str(x) for x in list(RD2) ]))
print(" Number of KPOINTS :")
print(" " + str(sum(RD2)) + " + 1 = " + str(sum(RD2) + 1))
print(" = " * 60)
Tmp_Kpathini + = " " + str(len(RD) + 1) + "\n"
Tmp_Kpathini + = " ".join([ str(x) for x in list(RD) ]) + "\n"
for numD,lineD in enumerate(open("CartHsym.out")) :
    Tmp_Kpathini + = List_HighK[numD] + "  " + lineD
open("CartHsym.out","w").write(Tmp_CartHsym)
ndarray_KPOINTs,ndarray_NestVects = Gen_Kpath(np_CartHsym,
```

```
RD)
            ndarray_KPOINTs_2,ndarray_NestVects_2 = Gen_Kpath(np_
CryHsym,RD2)
        KP_file = "KPOINTS_Cart"
        Nest_file = "NestVects_Cart"
        KP_file2 = "KPOINTS_Reci"
        Nest_file2 = "NestVects_Reci"
        np.savetxt(KP_file,ndarray_KPOINTs,fmt = "% .6f  % .6f  % .6f
  % .2f")
        np.savetxt(Nest_file,ndarray_NestVects,fmt = "% .6f  % .6f
  % .6f  % d")
        np.savetxt(KP_file2,ndarray_KPOINTs_2,fmt = "% .6f  % .6f  % .
6f  % .2f")
        np.savetxt(Nest_file2,ndarray_NestVects_2,fmt = "% .6f  % .6f
  % .6f  % d")
        Number_K = len(ndarray_KPOINTs[:,1])
        Number_K_2 = len(ndarray_KPOINTs_2[:,1])
        Tmp_kpoints = "k-points along high symmetry lines\n " + str
(Number_K) + "\nCart\n"
        Tmp_Nest = " Q-Vects for Fermi surface nesting\n " + str
(Number_K) + "\n"
        Tmp_kpoints_2 = "k-points along high symmetry lines\n " + str
(Number_K_2) + "\nReciprocal\n"
        Tmp_Nest_2 = " Q-Vects for Fermi surface nesting\n " + str
(Number_K_2) + "\n"
        for linek in open(KP_file):
            Tmp_kpoints + = "   " + linek
        for lineNe in open(Nest_file):
            Tmp_Nest + = "   " + lineNe
        for linek in open(KP_file2):
            Tmp_kpoints_2 + = "   " + linek
        for lineNe in open(Nest_file2):
            Tmp_Nest_2 + = "   " + lineNe
        open(KP_file,"w").write(Tmp_kpoints)
        open(Nest_file,"w").write(Tmp_Nest)
        open(KP_file2,"w").write(Tmp_kpoints_2)
```

```
open(Nest_file2,"w").write(Tmp_Nest_2)
#open("Kpath.ini","w").write(Tmp_Kpathini + Tmp_kpoints)
break
```

该脚本需要准备的输入文件为"syml"文件,形式如下:

```
6                                    #高对称点数量
20 20 20 20 20                       #这一行不会被读取
L  - 0.5 0 0.5                       #高对称点
M  - 0.5 0.5 0.5
A  - 0.5 0 0
G 0 0 0
Z 0  - 0.5 0.5
V 0 0 0.5
   1.17265    - 2.32831   - 0.66396         0.42666   - 0.214747  0.00050
   1.17265      2.32831   - 0.66396         0.42666     0.21474   0.00050
 - 0.00647    - 0.00000     5.46238         0.10372   - 0.00000   0.18319
```

最后三行是晶格矢量和倒格矢。

⑤范德华力修正。

范德华力修正一般分为两大类。一类是基于半经验的,包括 D2、D3、D3 -
BJ、TS 和 TS + SCS 等,这些都是在常用的交换关联泛函(如 PBE)的基础上,考虑
色散力的作用,在 PBE 计算出来的总能基础上增加了额外半经验项,这一项需要
设置一些参数,至于是哪种半经验公式,由 IVDW 的设置来决定,具体可参考
VASP 手册;另一类是 vdW - DF,也就是通过修改交换关联项来进行范德华修正,
包括 optPBE - vdW、optB88 - vdW 和 optB86b - vdW 等。它们的设置由修改 GGA
赋值以及额外一些相关的参数来设置。这些在 VASP 手册上有明确的说明。一
般来说,只要不涉及电子结构(如优化结构、算过渡态)DFT + D2 或者 D3 就可以
了。如果涉及电子结构,需要用 vdW - DF 类把 vdW 相互作用做进泛函的方法。
需要根据不同的体系,选用合适的方法进行计算。本处主要介绍用 vdW - DF 类
把 vdW 相互作用做进泛函的方法,计算中除了准备 INCAR、POSCAR、POTCAR、
KPOINT 文件以外,还需要准备官网提供的预先计算好的 vdW_kernel. bindat 内核
文件,如果计算目录中没有该文件,VASP 将对该内核文件进行计算产生,该过程
比较耗时。

vdW - DF 泛函主要有 revPBE、optPBE、optB88、optB86b 等方法,其相关输入
如下:

```
revPBE:
```

```
GGA = RE
LUSE_VDW = .TRUE.
AGGAC = 0 .0000
```

optPBE：

```
GGA = OR
LUSE_VDW = .TRUE.
AGGAC = 0 .0000
```

optB88：

```
GGA = BO
PARAM1 = 0.18333333
PARAM2 = 0 .2200000
LUSE_VDW = .TRUE.
AGGAC = 0 .0000
```

optB86b：

```
GGA = MK
PARAM1 = 0 .1234
PARAM2 = 1 .0000
LUSE_VDW = .TRUE.
AGGAC = 0 .0000
```

vdW – DF2 泛函主要有 rPW86 和 B86R 两种方法,其相关输入如下:

rPW86：

```
GGA = ML
LUSE_VDW = .TRUE.
Zab_vdW = -1 .8867
AGGAC = 0 .0000
LASPH = .TRUE.
```

B86R：

```
GGA = MK
LUSE_VDW = .TRUE.
PARAM1 = 0 .1234
PARAM2 = 0 .711357
Zab_vdW = -1 .8867
AGGAC = 0 .0000
LASPH = .TRUE.
```

此外,对于石墨烯及类似材料的物理和化学吸附,采用 BEEF – vdW 方法计算得比较准确,需要用到 BEEF – vdW 版本的 VASP,该方法也需要准备 vdW_ kernel. bindat 内核文件。INCAR 中相关设置如下：

```
GGA = BF
LUSE_VDW = .TRUE.
Zab_VDW = -1.8867
LBEEFENS = .TRUE.
```

⑥COHP 计算。

COHP 全称 crystal orbital hamilton populations，可以对材料的成键特性进行分析。之前计算 COHP 的主要方法是基于线性 MT 轨道(linear muffin - tin orbital, LMTO)方法。这种方法是基于中心化的局域基组，不适用于平面波基础。2011年，Hoffman 的学生 Richard Donskowski 提出了一种将平面波基组投影到局域化的基组上的方法，并开发了 lobster 程序，用以处理 VASP、QE 等平面波基组的波函数。下面对利用 VASP 进行 COHP 计算加以说明。

下载 lobster 程序，参考官网：http://www. cohp. de。直接复制 lobster 可以执行文件到 PATH 环境中，可以直接调用。

第一步，进行 VASP 的自洽计算。在 INCAR 中设置 NSW = 0，去除对称性(ISYM = -1)，NBANDS 使用默认设置并不能满足 COHP 的计算要求，因此可以先提交任务，在后续的 lobster 的输出提示增加 NBANDS 的数值，另外只能用 PAW 赝势。准备 INCAR 文件如下：

```
ENCUT = 400
NPAR = 4
SYSTEM = Relax
PREC = Accurate
EDIFF = 1E-7
EDIFFG = -1E-2

ISMEAR = 0 ; SIGMA = 0.05
ISTART = 1 ; ICHARG = 1
POTIM = 0.1
ISIF = 0
IBRION = 2
NSW = 0
ISYM = -1
LORBIT = 11
NEDOS = 2000
LWAVE = .TRUE.
```

```
LCHARG = .FALSE.
LREAL = FALSE
ALGO = Normal
```

第二步,进行 lobster 计算。准备 lobsterin 文件如下:

```
COHPstartEnergy   –15                          #输出能量范围下限
COHPendEnergy   10                             #输出能量范围上限
usebasisset pbeVaspFit2015                      #投影到基组的类型
basisfunctions C 3d 2s 2p                       #投影到基组做包含的轨道
basisfunctions N 3d 2s 2p
basisfunctions H 3d 1s
basisfunctions O 3d 2s 2p

cohpGenerator from 1 to 2 type N type C orbitalwise    #设置待分析原子
cohpGenerator from 1 to 2 type O type C orbitalwise
gaussianSmearingWidth 0.05                      #高斯展宽
saveProjectionToFile                            #保存投影计算结果
```

执行 lobster 的可执行文件,就可以等待计算结果。注意要关注输出文件中的 charge spilling,如果在 VASP 计算中用的赝势和 lobster 投影的基组范围不一致,则会出现 charge spilling 过大的情况,其代表着从平面波基组波函数向原子基组投影的时候有多大比例的电子没有得到投影,手册建议此数值不高于 5%。输出文件 lobsterout 中相关部分如下:

```
saving projection toprojectionData.lobster...
abs.total  spilling: 38.74%
abs.charge spilling:  1.21%
```

2.7.2　Wien2k 软件

Wien2k 程序包基于完全势能(线性)增广平面波((L)APW)+局域轨道(lo)方法。计算考虑了芯区电子,结果相比于赝势方法更为准确,但计算也更加耗时。该软件使用没有 VASP 那样广泛,因此,本处只简要介绍。

1. Wien2k 软件的安装

Wien2k 软件的安装相比于 VASP 的安装较为烦琐。在已安装完成的 Linux 系统中,安装完 Intel ifort 和 impi(或 openmpi)后,便可以开始 Wien2k 的编译安装。

（1）前期准备文件

进入文件夹：

```
tar - xvf WIEN2k_16.tar
gunzip * .gz
chmod + x ./expand_lapw
./expand_lapw
```

（2）库函数设置

运行 ./siteconfig_lapw，进行函数库等文件的一些设置，设置完后会有以下文件保存了相关设置信息：

```
WIEN2k_COMPILER   WIEN2k_COMPILERC   WIEN2k_INSTALLDATE
WIEN2k_MPI   WIEN2k_OPTIONS   WIEN2k_SYSTEM   WIEN2k_VERSION
```

WIEN2k_OPTIONS 如下所示，其中保存了 FFTW 等的信息，R_LIB 表示 LAPACK 和 BLAS 的信息：

```
current:FOPT: - O1 - FR - mp1 - w - prec_div - pc80 - pad - ip - DINTEL_
VML - traceback - assume buffered_io - I $ (MKLROOT) /include
current:FPOPT: - O1 - FR - mp1 - w - prec_div - pc80 - pad - ip - DINTEL_
VML - traceback - assume buffered_io - I $ (MKLROOT) /include
current:FFTW_OPT: - DFFTW3 - I /share/apps/fftw/fftw335/include
current: FFTW _ LIBS: - lfftw3 _ mpi - lfftw3 - L /share/apps/fftw/
fftw335/lib
current:LIBXC_OPT:
current:LIBXC_LIBS:
current:ELPA_OPT:
current:ELPA_LIBS:
current:LDFLAGS: $ (FOPT) - L $ (MKLROOT) /lib/ $ (MKL_TARGET_ARCH) -
pthread
current:DPARALLEL:' - DParallel'
current:R_LIBS: - lmkl_lapack95_lp64 - lmkl_intel_lp64 - lmkl_intel_
thread - lmkl_core - openmp - lpthread
current:RP_LIBS: - lmkl_scalapack_lp64 - lmkl_blacs_intelmpi_lp64
$ (R_LIBS)
current:MPIRUN:mpirun - np _NP_ - machinefile _HOSTS_ _EXEC_
current:CORES_PER_NODE:1
current:MKL_TARGET_ARCH:intel64
```

修改时需要注意 paralle_option 文件中的 USE_REMOTE 和 MPI_REMOTE 两个部分。

然后执行命令./siteconfig_lapw,按照提示选择 R 选项进行编译。

(3)用户设置

执行命令"./ userconfig_lapw"后,输出内容如下:

```
apple:/home/test1/TooLs/WIEN2k_16 # ./userconfig_lapw
cp: cannot stat '/root/.cshrc': No such file or directory
cp: cannot stat '/root/.bashrc': No such file or directory
cp: cannot stat '/root/.cshrc': No such file or directory
cp: cannot stat '/root/.bashrc': No such file or directory
grep: /root/.cshrc: No such file or directory
grep: /root/.bashrc: No such file or directory


     * * * * * * * * * * * * * * * * * * * * * * * * * * * * * * * * "
     *                      WIEN2k                         * "
     *              user configuration                     * "
     * * * * * * * * * * * * * * * * * * * * * * * * * * * * * * * * "
     Last configuration: Tue Dec 12 21:02:22 CST 2017
                    Wien Version: WIEN2k_16.1 (Release 12/12/2016)
                    System:linuxifc


     Setting up user: test1
     Home directory:   /root
     Shell:            bash


     Specify yourprefered editor (default is emacs):
     editor shall be: vim


     Set editor to  vim (y/n) y


     Specify yourprefered DATA directory, where your cases should be
     stored (for  /root/WIEN2k, just enter RETURN key):
     DATA directory: /home/test1/Data_WIEN2k


     Set DATA directory to  /home/test1/Data_WIEN2k (y/n) y


         Specify  yourprefered  scratch  directory, where  big  case
vector files
```

can be stored (Recommended is your working dir., just enter RETURN key):

scratch directory:

Set scratch directory to working directory (y/n)

Specify your program to read pdf files (default isacroread) (on some Linux systems usexpdf):

Set PDFREADER toacroread (y/n)

!!!　The following lines will be added to your .bashrc file if you continue !!!

A copy of your current .bashrc will be saved under .bashrc. savelapw!

```
# added by WIEN2k: BEGIN
# - - - - - - - - - - - - - - - - - - - - - - - - - - - - - - - - - - - - - -
aliaslsi = "ls - aslp * .in * "
aliaslso = "ls - aslp * .output * "
aliaslsd = "ls - aslp * .def"
aliaslsc = "ls - aslp * .clm * "
aliaslss = "ls - aslp * .scf * * / * scf"
aliaslse = "ls - aslp * .error"
alias LS = "ls - alsp lgrep /"
aliaspslapw = "ps - ef lgrep "lapw""
aliascdw = "cd /home/test1/Data_WIEN2k"
export OMP_NUM_THREADS = 1
#export LD_LIBRARY_PATH = ...
export EDITOR = "vim"
export SCRATCH = ./
export WIENROOT = /home/test1/TooLs/WIEN2k_16
export W2WEB_CASE_BASEDIR = /home/test1/Data_WIEN2k
export STRUCTEDIT_PATH = $WIENROOT/SRC_structeditor/bin
export PDFREADER = acroread
export PATH = $WIENROOT: $STRUCTEDIT_PATH: $WIENROOT/SRC_IRelast/
```

```
script - elastic: $ PATH: .
    export OCTAVE_EXEC_PATH = $ { PATH } : :
    export OCTAVE_PATH = $ { STRUCTEDIT_PATH } : :

    ulimit - s unlimited
    alias octave = "octave - p $ OCTAVE_PATH"
    # - - - - - - - - - - - - - - - - - - - - - - - - - - - - - - - - - - - -
    # - - - BERRYPI START - - -
    export BERRYPI_PATH = $ WIENROOT / SRC_BerryPI / BerryPI
    export BERRYPI_PYTHON = / usr / bin / python2 .7
    aliasberrypi = " $ { BERRYPI_PYTHON }  $ { BERRYPI_PATH } /berrypi"
    # - - - BERRYPI END - - -

        Do you want to continue ( y / n )? y

        * ) adding aliases
        * ) adding environment variables
        * ) adding path towien programs and set unlimited stacksize
        done.

        If you want to use k - point parallel execution on a non -
shared memory
        system, you must be able to login without specifying a password.
        When usingrsh  you should modify your .rhosts file, if you are
        usingssh  you must generate ( ssh - keygen ) and transfer your   "
public keys ".

        Edit .rhosts file now? ( y / n ) y
```

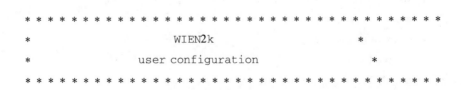

```
        * * * * * * * * * * * * * * * * * * * * * * * * * * * * * * * * * *
        *                    WIEN2k                       *
        *              user configuration                   *
        * * * * * * * * * * * * * * * * * * * * * * * * * * * * * * * * * *

    Your user environment for WIEN users is now configured.
```

You have to restart your shell before the changes come into effect (execute：. ~ /.bashrc).

Start "w2web", define "user/password" and select a port. Then point your web-browser to the properaddress：PORT.

For proper usage ofscfmonitor please add a line in ~ /.Xdefaults ：gnuplot ＊ raise：off

We wish you GOOD LUCK with your calculations.
Your WIEN2k Team

（4）设置 w2web

apple：/home/test1/TooLs/WIEN2k_16 # ./w2web
###
w2web starter
Copyright (C) 2001 luitz.at
###
w2web installer on host apple

###
w2web installer
Copyright (C) 2001 luitz.at
###

Checking for Installation in /root/.w2web/apple

Creating /root/.w2web
Creating /root/.w2web/apple
conf directory does not exist - creating it.
logs directory does not exist - creating it.
sessions directory does not exist - creating it.
tmp directory does not exist - creating it.

Installing w2web files ...
Please answer these questions for properinstallaltion.
Just press enter for the default value of (in brackets).

```
Please enter the username: [admin] test1
Please enter the password: [password] asdf1234
test1:asdf1234
Remember these. You will need them when you log in.


Select the port to run on: [7890]
Running on port 7890


Please enter this system's hostname: [apple]
Using apple


Is this your master node?: [y] y
Installing... Attempting to start now...


Trying to start /home/test1/TooLs/WIEN2k_16/SRC_w2web/bin/w2web
w2web server started, now point your web browser to
http://apple:7890


done.
```

在设置好 w2web 后,可以利用 IP 地址和端口号进行图形化界面的操作。

2. Wien2k 软件使用

本节只对使用 Wien2k 软件的初始化和自洽计算(SCF)进行讲解,其他性质计算均是在此基础上进行的,可以参考手册进行。初始化的目的是猜测计算的主输入文件是否为结构文件 case. struct。通过 w2web 的 Struct Generator,采用一些程序(如 cif2struct 或者 xyz2struct) 或者采用迭代脚本 makestruct_lapw 进行创建。这个脚本需要晶格类型或者空间群,原子及其位置,同时产生中间文件 datastruct。

(1)建立结构

将加完对称性后的 cif 格式原子结构导入,执行 cif2struct name. cif 命令(注意:文件夹名称要与文件夹下文件名一致),得到 name. struct 文件:

```
blebleble
P   LATTICE,NONEQUIV.ATOMS   4     1 P1
MODE OF CALC = RELA unit = bohr
   4.238656  4.238656  4.238656 90.000000 90.000000 90.000000
ATOM  -1: X = 0.00000000 Y = 0.00000000 Z = 0.00000000
```

```
                MULT = 1              ISPLIT = 15
P           NPT =   781  R0 = .000100000 RMT =   2.00000    Z：  15.00000
LOCAL ROT MATRIX：   1 .0000000 0 .0000000 0 .0000000
                    0 .0000000 1 .0000000 0 .0000000
                    0 .0000000 0 .0000000 1 .0000000
ATOM   − 2：X = 0 .00000000 Y = 0 .50000000 Z = 0 .50000000
                MULT = 1              ISPLIT = 15
P           NPT =   781  R0 = .000100000 RMT =   2.00000    Z：  15.00000
LOCAL ROT MATRIX：    1 .0000000 0 .0000000 0 .0000000
                    0 .0000000 1 .0000000 0 .0000000
                    0 .0000000 0 .0000000 1 .0000000
ATOM   − 3：X = 0 .50000000 Y = 0 .00000000 Z = 0 .50000000
                MULT = 1              ISPLIT = 15
P           NPT =   781  R0 = .000100000 RMT =   2.00000    Z：  15.00000
LOCAL ROT MATRIX：   1 .0000000 0 .0000000 0 .0000000
                    0 .0000000 1 .0000000 0 .0000000
                    0 .0000000 0 .0000000 1 .0000000
ATOM   − 4：X = 0 .50000000 Y = 0 .50000000 Z = 0 .00000000
                MULT = 1              ISPLIT = 15
P           NPT =   781  R0 = .000100000 RMT =   2.00000    Z：  15.00000
LOCAL ROT MATRIX：   1 .0000000 0 .0000000 0 .0000000
                    0 .0000000 1 .0000000 0 .0000000
                    0 .0000000 0 .0000000 1 .0000000
    0       NUMBER OF SYMMETRY OPERATIONS
```

可以在 name. struct 文件中修改 RMT 半径,确保计算的准确性和合理性。

（2）进行 init_lapw（初始化）计算

```
next is setrmt

Automatic  determination  of  RMTs.  Please  specify  the  desired
RMT reduction

compared to almost touching spheres.

Typically,  for  a  single  calculation  just  hit  enter,  for
force minimization

use 1 −5; for volume effects you may need even larger reductions.


Enter reduction in %
```

正常计算直接按下回车键(或者输入 1 ~ 5 中相应的数字使 RMT 半径减小)。

Use old or new scheme (o/n)

o

specify nn - bondlength factor: (usually = 2) [and optionally dlimit, dstmax (about

1.d - 5, 20)]

DSTMAX: 22.0000004768372

iix,iiy,iiz   4   4   4 16.9546240000000

16.9546240000000   16.9546240000000

NAMED ATOM: P 1   Z changed to IATNR +999 to determine equivalency

ATOM 1 P 1   ATOM 1 P 1

RMT(1) = 1.42000 AND RMT(1) = 1.42000

SUMS TO 2.84000 LT. NN - DIST = 2.99718

NN ENDS

0.029u 0.001s 0:00.03 66.6%   0 +0k 0 +80io 0pf +0w

atom Z RMT - max RMT

1 15.0 1.49 1.49

file test.struct_setrmt generated

Do you want to accept these radii; discard them; or rerun setRmt (a/d/r):

d

如果文献中提供了 RMT 数值,可选 d(即忽略 WIEN2k 软件对 RMT 半径进行的自动修改)。

next is nn

> nn (01:05:54) specify nn - bondlength factor: (usually = 2) [and optionally dlimit, dstmax (about

1.d - 5, 20)]

默认:2;出现 case. outputnn 文件:

next is sgroup

```
>    sgroup   (01:10:10) 0.000u 0.000s 0:00.00 0.0%    0 +0k 16 +16io 0pf +0w
```
　　Names of point group: m −3m　4/m −3 2/m　Oh

Number and name of space group: 225 (F m −3 m)

− − − − − > check in test.outputsgroup　for proper symmetry, compare
　　　with your struct file and later with　test.outputs
　　　sgroup has also produced a new struct file based on your old one.
　　　If you see warnings above, consider to use the newly generated
　　　struct file, which you can view (edit) now.

− − − − − > continue with symmetry (old case.struct) or use/edit test.
struct_sgroup ? (c/e)

　　c

　　next is symmery

```
>    symmetry   (01:10:31)   SPACE GROUP CONTAINS INVERSION
0.001u 0.001s 0:00.01 0.0%    0 +0k 1864 +64io 9pf +0w
```
− − − − − − − − − − ERROR − − − − − − − − − − − − − − − − −

ERROR: (multiplicity of atom　　　　　1) ∗ (number of pointgroup −
operations)

ERROR: is NOT = (number of spacegroup − operations)

ERROR: MULT:　　　　4　ISYM:　　　　48　NSYM　　　　48

ERROR: Check your struct file with　　x sgroup

− − − − − − − − − − ERROR − − − − − − − − − − − − − − − − −

− − − − − > check in　test.outputs　the symmetry operations,
　　　　the point symmetries and compare with results from sgroup
　　　　if you find errors (often from rounding errors of positions),
apply x patchsymm

− − − − − > continue with lstart or edit the test.struct_st file (c/e/
x)

　　c

　　next is lstart

CREATE A NEW test.inst FILE with PROPER ATOMS

Eventually specify switches for instgen_lapw (or press ENTER):

−up (default)　− dn　− nm (non − magnetic)　− ask

− nm

1 Atoms found: P

```
generate atomic configuration for atom 1 : P
>    lstart   (01:14:12)    SELECT XCPOT:
   recommended: PBE     [(13) GGA of Perdew – Burke – Ernzerhof 96]
               LDA     [( 5)]
               WC     [(11)  GGA of Wu – Cohen 2006]
               PBESOL [(19) GGA of Perdew etal. 2008]


   SELECT ENERGY to separate core and valence states:
   recommended: – 6.0 Ry (check how much core charge leaks out of MT –
sphere)
   ALTERNATIVELY: specify charge localization
   (between 0.97 and 1.0) to select core state
```

调节 ENERGY(默认为 – 6.0 Ry,不要低于 – 10.0 Ry;如果碰到较重的原子,一般为 – 7.5 Ry 左右)。

```
next is kgen
>    kgen   (01:14:56)    NUMBER OF K – POINTS IN WHOLE CELL: (0 allows to
specify 3 divisions of G)


   2000
   length of reciprocal lattice vectors:   2.568   2.568   2.568   12.599   12.
599   12.599
             72   k – points generated, ndiv =          12          12
   12
   KGEN ENDS
```

在初始化过程中,x kgen 的 Shift k – mesh 操作主要是为了避开对称性较高、权重较大的点,因为这些点一旦误差较大,就会使得总能误差较大。

```
next is dstart
>    dstart   – p   (01:15:46) running dstart in single mode
DSTART ENDS
2.595u 0.012s 0:02.66 97.7%    0 + 0k 22288 + 216io 76pf + 0w
```

```
- - - - - > check in  test.outputd  if gmax > gmin, normalization
- - - - - > new test.in0 generated
- - - - - > do you want to perform a spinpolarized calculation ? (n/y)
n
  init_lapw finished ok
```

至此,初始化完成。初始化完成后需要检查以下部分:

①case.outputd 中是否 gmax > gmin.

```
vi case.outputd
rmt(min) * kmax = 7.00000
gmin =     9.85915
gmax =    12.00000
gmax > gmin - - - > 正确。
```

②case.outputst (后缀 st 表示存储)文件中芯区电荷溢出情况。

-state	E - up(Ry)	E - dn(Ry)	Occupancy		q/sphere	core
1S	- 153.170815	- 153.170815	1.00	1.00	1.0000	T
2S	- 12.786819	- 12.786819	1.00	1.00	0.9976	T
2P*	- 9.193655	- 9.193655	1.00	1.00	0.9961	F
2P	- 9.126260	- 9.126260	2.00	2.00	0.9960	F
3S	- 1.026680	- 1.026680	1.00	1.00	0.2682	F
3P*	- 0.407348	- 0.407348	0.50	0.50	0.1599	F
3P	- 0.403415	- 0.403415	1.00	1.00	0.1577	F

最后一列 T 表示对应的态是 core - state(芯态),F 表示不是芯态。芯态与非芯态的区分可由 lstart 中的 Energy 调节。

检测芯区电荷是否溢出 RMT 球:

```
TOTAL CORE - CHARGE: 4.000000
TOTAL CORE - CHARGE INSIDE SPHERE: 3.995130
TOTAL CORE - CHARGE OUTSIDE SPHERE: 0.004870
```

如果存在芯区电荷溢出的情况,调节 lstart 中设置的 Energy。

初始化完成,进行 SCF 计算。提交命令:qsub 01 - SCF_WIEN2k. sh。

01 – SCF_WIEN2k. sh 文件如下：

```
#! /bin/bash
#PBS  –N 1
#PBS  –l nodes =1:ppn =12
#PBS  –j n

cd $PBS_O_WORKDIR
NP =`cat $PBS_NODEFILE|wc –l`
cat $PBS_NODEFILE > nodes.info

#start creating .machines for WIEN2k parallel
echo 'granularity:1' > .machines
echo "lapw0:"`cat nodes.info |cut –d" " –f1` > > .machines
for i in `cat nodes.info`
do
  echo "1:" $i > > .machines
done
echo 'extrafine:1' > > .machines
echo " - - - - - - - - - - - - - - - - - - - - - - - - - - - - -
 - - - - - - - - - - - - - -"
#End creating .machines
run_lapw –p –i 60 –cc 0.0001 –orb > ZqLog
# For spin polarization (ferromagnetic)
#runsp_lapw –p –i 60 –cc 0.0001 –orb > ZqLog
# For antiferromagnetic
#runafm_lapw –p –i 60 –cc 0.0001 –orb > ZqLog
```

电荷收敛度设置为 0. 0001，定义的"Charge"视为收敛标准，选择 0. 0001(–cc 0. 0001)。

查错文件有 Zqlog 文件和 case. dayfile 文件。

2.7.3 Quantum Espresso 软件

1. Quantum Espresso 软件简介

Quantum Espresso 软件简称 QE,Espresso 意为"op(E)n (s)ource (p)ackage for（r）esearch in（e）lectronic（s）tructure，（s）imulation，and（o）ptimization"。Quantum Espresso 软件包基于密度泛函理论，使用平面波基组和赝势，是一款开源软件，得到广泛的应用。该软件早期被称为 PWscf，包含以下代码：

PWscf：电子结构、结构优化、分子动力学、振动特性和介电特性。

FPMD：Car - Parrinello 可变晶胞的分子动力学程序。它是基于 R. Car 和 M. Parrinello 的原始代码。

CP：Car - Parrinello 可变晶胞的分子动力学程序。它是基于 R. Car 和 M. Parrinello 的原始代码。

PWgui：产生 PWscf 输入文件的图形用户界面。

atomic：用于原子计算和产生赝势。

主要功能如下：（参见网站 https://yyyu200. github. io/DFTbook/blogs/2018/05/01/QE - List/），更详细的介绍可参见网站 https://yyyu200. github. io/DFTbook/blogs/2019/08/20/Thirdparty/#xspectra。

（1）基态计算

自洽场总能，力，应力，科恩 - 沈轨道。

模守恒赝势，超软赝势（范德堡方法），PAW 赝势。

多种交换关联泛函：从 LDA 到广义梯度修正（PW91、PBE、B88 - P86、BLYP）到超 GGA，精确交换（HF），杂化泛函（PBE0、B3LYP、HSE）。

范德瓦尔斯修正：Grimme D2 和 D3，Tkatchenko - Scheffler，XDM（交换空穴偶极矩），非局域范德瓦尔斯泛函（vdw - DF）。

Hubbard U（DFT + U）。

贝里相位极化。

非共线磁性，自旋轨道耦合。

（2）结构优化，分子动力学，势能面

具有利用准牛顿法 BFGS 预处理的 GDIIS。

阻尼动力学。

Car - Parrinello 分子动力学（CP 模块）。

玻恩 - 奥本海默分子动力学（PWscf 模块）。

微动弹性带（NEB）方法。

超（Meta）动力学，使用 PLUMED 插件。

（3）电化学与特殊边界条件

有效屏蔽介质方法（ESM）。

环境效应，Environ 插件。

（4）响应性质（密度泛函微扰理论）

任意波矢处的声子频率和本征矢量。

完整的声子色散，实空间原子间力常数。

平移和旋转声学求和规则。

有效电荷和介电张量。

电子－声子作用。

三阶非简谐声子寿命，使用 D3Q 模块。

红外和非共振拉曼截面。

EPR 和 NMR 化学位移，使用 QE－GIPAW 模块。

二维异质结构声子（参考）。

（5）谱学性质

K、L1 和 L2,3 吸收边 X 射线吸收谱（XSpectra 模块）。

含时密度泛函微扰理论（TurboTDDFT 模块）。

电子能量损失谱（TurboEELS 模块）。

多体微扰理论计算电子激发态，使用 GWL 模块和 YAMBO 模块。

（6）量子输运

弹道输运（PWCOND 模块）。

基于最局域化万尼尔函数相干输运使用 WanT 模块。

最局域化万尼尔函数与输运性质使用 WANNIER90。

Kubo－Greenwood 电导率使用 KGEC。

2. Quantum Espresso 软件安装

在已安装完成的 Linux 系统中，在完成 Intel ifort 和 impi（或 openmpi）的安装后，便可以开始进行 QE 的编译安装，安装过程较为简便。

如果 openmpi 使用 intel 的编译器进行编译，则直接默认：

```
./configure
```

就会使用 ifort 和 icc 编译器，可以注意终端内的提示。

如果终端未提示错误，并且已找到并行环境，就可以继续输入：

```
make
make all
```

输入 make 后会出现选项，可以选择需要安装的模块，如 PW、PP 等。安装完成后，主要检查安装目录内的 bin 内有无 pw、pp 等文件，然后配置路径名，但是要求检测到的并行计算软件也采用一致的编译器，如用 openmpi，则 openmpi 也要用相应的编译器；也可直接使用 parallel_studio_xe_2018_update3_cluster_edition. tgz

包内的并行软件,只要将路径设置好,QE 在 configure 时就会检测到。并行计算时,如果要判断采用哪种 MPI,可以通过执行命令 which mpirun 来进行判断。但是 intel 的 mpirun 使用时会有错误,所以最好还是使用 openmpi。

3. Quantum Espresso 软件使用

QE 的输入文件格式与 VASP 相比差别很大,下面在实际算例中进行说明。

(1)结构优化

①正常的结构优化。

本例中,将 QE 计算的输入文件均写入提交脚本 Opt. sh 中,直接执行 qsub Opt. sh 命令即可提交任务。Opt. sh 脚本如下:

```
#! /bin/bash                                        #说明使用 bash shell
#PBS - N 1                                          #任务名
#PBS - l nodes = 1:ppn = 20                         #任务使用的节点数目和核数
#PBS - j n
#PBS - q default
#- - - - - - - - - - - - - - - - - - - -
cd $ PBS_O_WORKDIR                                  #切换到 PBS 工作路径
#- - - - - - - - - - - - - - - - - - - -
# go to workdir
# get numbers of Processor
NP ='cat $ PBS_NODEFILE|wc - l'                      #得到计算用的核心数
# which nodes used
cat $ PBS_NODEFILE > nodes.info                      #保存计算使用的节点名称
BIN_DIR = "/share/apps/QE/espresso - 5.4/bin"        #执行脚本路径
PARA_PREFIX = "mpirun - np $ NP - machinefile $ PBS_NODEFILE $ EXEC"
PW_COMMAND = " $ PARA_PREFIX $ BIN_DIR/pw.x "         #使用的命令
PSEUDO_DIR = ./PseudoP                               #放置赝势的文件夹
TMP_DIR = ./Tmp_                                     #缓存文件,计算结束后可以
                                                      将缓存文件删除

###########################################################
ECHO = "echo - e"
#- - - - - - - - - - - - - - - - - - - - - - - - - - - - - -
# running program
#- - - - - - - - - - - - - - - - - - - - - - - - - - - - - -

Kpress = "3500    5500    7500 9500 11500 14000"     #设置压力
```

```
for k in $Kpress
do
cat > Fm-3m.optim.in_$k << EOF
&CONTROL                                    #声明控制模块
  prefix        ='HTi',
  calculation   ='vc-relax',               #计算类型
  restart_mode  ='from_scratch',           #此设置是执行 PWscf 计算
                                             的常规方式

  dt            = 30.D0,
nstep          = 400,
tstress        = .true.,                   #计算应力
tprnfor        = .true.,                   #计算力
etot_conv_thr = 1.0D-5,                    #离子弛豫过程中总能收敛阈
                                             值
forc_conv_thr = 1.0D-4,                    #离子弛豫过程中力收敛阈值
pseudo_dir   = "$PSEUDO_DIR",             #赝势文件存放路径
outdir        = "$TMP_DIR",               #缓存文件路径
 /
&SYSTEM
ibrav=0,                                   #晶格参数的输入类型
celldm(1)=1.88972598857892320310,
nat=4, ntyp=2,                             #原子数目和种类
ecutwfc=80, ecutrho=2000.0,                #波函数的动能截断,电荷密
                                             度的动能截断能
  occupations='smearing',
  smearing='methfessel-paxton', degauss=0.02,
nosym = .t.                                #不加入对称性
 /
&ELECTRONS
conv_thr      = 1.0d-8,                    #收敛阈值
mixing_beta = 0.7d0,                       #混合方法
 /
&IONS
ion_dynamics = 'damp'
  upscale      = 20
 /
```

```
&CELL
cell_dynamics = 'damp-pr'
  press         = $k                              #结构优化的目标压力,单位
                                                   kbar
/
ATOMIC_SPECIES                                     #原子种类说明
  H    1.007947H.GGA.fhi.UPF                       #元素的相对原子质量和赝势
  Ti   47.867   Ti.GGA.fhi.UPF
CELL_PARAMETERS (alat)                             #晶格矢量
  -0.000623957    1.906471245    1.906471251
   1.906471242   -0.000623962    1.906471242
   1.906471247    1.906471245   -0.000623959
ATOMIC_POSITIONS (crystal)                         #原子占位
  H       0.249925840    0.249925837    0.249925838
  H       0.750074167    0.750074155    0.750074162
  H       0.000000004   -0.000000006    0.000000002
  Ti      0.499999999    0.500000000    0.500000000
K_POINTS(automatic)                                #K 网格设置
18 18 18   0 0 0
EOF
$ ECHO "  Fm-3m.optim_$k  using damped MD...\c"
$ PW_COMMAND < Fm-3m.optim.in_$k > Fm-3m.optim.out_$k
                                                   #执行计算命令
$ ECHO
done
$ ECHO " Done"
```

关于晶格参数输入的说明:此处优化算例中,在 &SYSTEM 部分设置 ibrav = 0,celldm(1) = 1.88972598857892320310,然后在 CELL_PARAMETER 部分输入晶格矢量;而下面关于能带和电子态密度的算例中采取的是另外一种方式,即根据不同的晶格形式设置 ibrav 数值,以及相应需要的晶格矢量长度 a,b 与 a 的比值,c 与 a 的比值,相应的夹角 α、β、γ 的余弦值。详细介绍可参考 QE 官方手册。

计算结束后,查看输出文件的最后部分,判断 electrons 和 forces 是否计算到两步以内,如果没有,则将本次计算输出的晶格结构继续进行优化,直到达到如下所示的收敛:

```
     electrons    :    92.12s CPU (      2 calls,  46.060 s avg)
```

```
forces        :    1.97s CPU (        2 calls,   0.983 s avg)
stress        :    3.68s CPU (        2 calls,   1.840 s avg)
```

②优化时加入范德华力修正。

需要在输入中的 &SYSTEM 部分,加入参数"input_dft = ' vdw − df2 ' ,"且在赝势文件夹中放入 vdW_kernel_table 文件,或者在 Opt. sh 中加入以下代码,确保在没有 vdW_kernel_table 文件时,可以自动产生 vdW_kernel_table。代码如下:

```
GenvdW_ COMMAND = " $ PARA _ PREFIX  $ BIN _ DIR/ generate _ vdW _ kernel _
table.x"

VDW_TABLE = "vdW_kernel_table"

if test "`echo − e`" = " − e" ; then ECHO = echo ; else ECHO = "echo − e" ;
fi

# GeneratevdW_kernel

if test ! − r $ PSEUDO_DIR/ $ VDW_TABLE; then
        if $ GenvdW_COMMAND ; then
                if test ! − r $ VDW_TABLE ; then
                        $ ECHO "   ERROR: cannot generatevdW_kernel_
table !!"
                        exit 1
                fi
                $ ECHO "done ! Table moved to $ PSEUDO_DIR"
                mv $ VDW_TABLE $ PSEUDO_DIR
        fi
fi
```

(2)能带计算

能带计算的提交脚本由两部分组成,第一部分是自洽计算,第二部分是能带计算。其提交脚本如下:

```
#! /bin/sh
#PBS − N  250
#PBS − l   nodes = 1:ppn = 12
#PBS − q   Q1

## gowork_dir
cd $ PBS_O_WORKDIR
# get numbers of Processor
NP =`cat $ PBS_NODEFILE|wc − l`
```

```
# which nodes used
cat $PBS_NODEFILE > nodes.info


## set the needed environment variables
PARA_PREFIX = "mpiexec - machinefile $PBS_NODEFILE - np $NP"
BIN_DIR = "/temp/programs/PWSCF/test - 3.2/bin"
# how to run executables
PW_COMMAND = " $PARA_PREFIX $BIN_DIR/pw.x"
BANDS_COMMAND = " $PARA_PREFIX $BIN_DIR/bands.x"    #计算能带程序位置
PSEUDO_DIR = ./PseudoSnH
TMP_DIR = ./Tmp_
#####################################
#####################################
ECHO = "echo - e"
# clean TMP_DIR
#
# self - consistent calculation
cat > i4m2PC.scf.in << EOF                    #此部分是自洽计算
&control
    calculation = 'scf'
restart_mode ='from_scratch',
    prefix ='i4m2PC',
tstress = .true.
tprnfor = .true.
pseudo_dir = '$PSEUDO_DIR/',
outdir ='$TMP_DIR/'
/
&system
ibrav = 14,#采用 ibrav = 14 的方式输入晶格参数
celldm(1) = 6.4573384709,                     #晶格矢量 a 的长度,单位是
                                               a.u.

celldm(2) = 1.0,                              #晶格矢量 b 长度与 a 的长度
                                               的比值(b/a)

celldm(3) = 1.0,                              #晶格矢量 c 长度与 a 的长度
                                               的比值(c/a)

celldm(4) = - 0.6191549408,                   #晶格矢量 a 和 b 的夹角 γ 的
```

celldm(5) = − 0.6191549408,　　　　　　　　余弦值(cos γ)

#晶格矢量 **a** 和 **c** 的夹角 β 的

余弦值(cos β)

celldm(6) = 0.2383098875,　　　　　　　　#晶格矢量 **a** 和 **c** 的夹角 α 的

余弦值(cos α)

nat = 9, ntyp = 2,

ecutwfc = 80.0, ecutrho = 2000.0,

    occupations = 'smearing',

    smearing = 'methfessel − paxton', degauss = 0.02,

/

&electrons

conv_thr = 1.0e − 8

mixing_beta = 0.7

/

ATOMIC_SPECIES

H　　1.007947　　01 − H.GGA − PBE.UPF

Sn　118.7107　　50 − Sn.GGA − PBE.UPF

ATOMIC_POSITIONS(crystal)

H	0.1149780000000000	0.1149780000000000	− 0.0000000000000000
H	− 0.1149780000000000	− 0.1149780000000000	0.0000000000000000
H	0.1712489999999999	− 0.1017575000000000	− 0.2730064999999999
H	0.1712490000000000	0.4442554999999998	0.2730064999999999
H	0.1017575000000000	− 0.1712490000000000	0.2730064999999999
H	− 0.4442554999999999	− 0.1712489999999999	− 0.2730064999999999
H	− 0.3301624999999999	0.1698375000000001	− 0.4999999999999998
H	− 0.1698375000000001	− 0.6698374999999999	− 0.5000000000000000
Sn	0.5000000000000000	0.5000000000000000	0.0000000000000000

K_POINTS(automatic)

15 15 19 0 0 0

EOF

 $ ECHO "　Running thescf calculation ...\c"

 $ PW_COMMAND < i4m2PC.scf.in > i4m2PC.scf.out

 $ ECHO " done"

 #

 # Bands structure calculation along special lines.

cat > i4m2PC.bands.in < < EOF　　　　　　　　#此部分是能带计算

```
&control
    calculation ='bands'                        #能带计算任务
    prefix ='i4m2PC'
pseudo_dir = ' $ PSEUDO_DIR/',
outdir =' $ TMP_DIR/',
/
&system
ibrav =14,
celldm(1) =6.4573384709,
celldm(2) =1.0,
celldm(3) =1.0,
celldm(4) = -0.6191549408,
celldm(5) = -0.6191549408,
celldm(6) =0.2383098875,
nat =9, ntyp =2,
ecutwfc =80.0, ecutrho =2000.0,
    occupations ='smearing',
    smearing ='methfessel - paxton', degauss =0.02,
nbnd =20,                                        #需要计算的能带条数
/
&electrons
conv_thr = 1.0e -8
mixing_beta = 0.7
/
ATOMIC_SPECIES
H    1.007947      01 - H.GGA - PBE.UPF
Sn   118.7107      50 - Sn.GGA - PBE.UPF
ATOMIC_POSITIONS( crystal)
H     0.1149780000000000      0.1149780000000000     -0.0000000000000000
H    -0.1149780000000000     -0.1149780000000000      0.0000000000000000
H     0.1712489999999999     -0.1017575000000000     -0.2730064999999999
H     0.1712490000000000      0.4442554999999998      0.2730064999999999
H     0.1017575000000000     -0.1712490000000000      0.2730064999999999
H    -0.4442554999999999     -0.1712489999999999     -0.2730064999999999
H    -0.3301624999999999      0.1698375000000001     -0.4999999999999998
H    -0.1698375000000001     -0.6698374999999999     -0.5000000000000000
```

```
Sn    0.500000000000000      0.500000000000000      0.000000000000000
K_POINTS                                            #设置高对称路径上采点的 K
                                                     点坐标

         152                                        #共 152 个 K 点,由于数目较
                                                     多,下方只列出几个 K 点

   0.500000   0.392143   0.000000   1.00
   0.484375   0.379889   0.000000   1.00
   0.468750   0.367635   0.000000   1.00
   ......
   0.453125   0.355380   0.000000   1.00
   0.000000   0.015601   0.012276   1.00
   0.000000   0.000000   0.000000   1.00
EOF
$ ECHO "  RunningBandsStructure calculation ...\c"
$ PW_COMMAND < i4m2PC.bands.in > i4m2PC.bands.out
$ CHO " Done"
```

计算结束后,可以从 i4m2PC. bands. out 文件中提取相关数据,并进行能带图的绘制。

(3)电子态密度计算

电子态密度计算类似能带计算,第一部分也是自洽计算,第二部分是计算 DOS;如果需要进行投影态密度计算,则需要加入第三部分。另外,调用的可执行程序也发生了改变,DOS 计算和投影 DOS 的计算需要用到的程序分别是 dos. x 和 projwfc. x。SCF 计算同上一节中能带计算,计算 DOS 的相关输入如下:

```
cat > i4m2PC.dos.in < < EOF
&control
    calculation ='nscf'                    #进行非自洽计算
    prefix ='i4m2PC',
    pseudo_dir = ' $ PSEUDO_DIR/',
    outdir =' $ TMP_DIR/'
/
&system
    ibrav =14,
    celldm(1) =6.4573384709,
    celldm(2) =1.0,
    celldm(3) =1.0,
```

```
    celldm(4) = -0.6191549408,
    celldm(5) = -0.6191549408,
    celldm(6) = 0.2383098875,
    nat = 9, ntyp = 2,
    ecutwfc = 80.0, ecutrho = 2000.0,
    occupations = 'smearing',
    smearing = 'methfessel-paxton', degauss = 0.02,
    nbnd = 20,
/
&electrons
    conv_thr = 1.0e-8
    mixing_beta = 0.7
/
ATOMIC_SPECIES
H    1.007947    01-H.GGA-PBE.UPF
Sn   118.7107    50-Sn.GGA-PBE.UPF
ATOMIC_POSITIONS(crystal)
H     0.1149780000000000     0.1149780000000000    -0.0000000000000000
H    -0.1149780000000000    -0.1149780000000000     0.0000000000000000
H     0.1712489999999999    -0.1017575000000000    -0.2730064999999999
H     0.1712490000000000     0.4442554999999998     0.2730064999999999
H     0.1017575000000000    -0.1712490000000000     0.2730064999999999
H    -0.4442554999999999    -0.1712489999999999    -0.2730064999999999
H    -0.3301624999999999     0.1698375000000001    -0.4999999999999998
H    -0.1698375000000001    -0.6698374999999999    -0.5000000000000000
Sn    0.5000000000000000     0.5000000000000000     0.0000000000000000
K_POINTS(automatic)
26 26 32 0 0 0
EOF
#
cat > i4m2PC.dos2.in << EOF
&inputpp
    outdir = '$TMP_DIR/'
    prefix = 'i4m2PC'
    fildos = 'i4m2PC.dos',
    Emin = -30.0, Emax = 50.0, DeltaE = 0.1        #DOS 的最低和最高能量、能
```

量间隔

```
/
EOF

$ECHO "  Running DOS calculation ...\c"
$PW_COMMAND < i4m2PC.dos.in > i4m2PC.dos.out
$DOS_COMMAND < i4m2PC.dos2.in > i4m2PC.dos2.out
$ECHO " done"

cat > i4m2PC.pdos.in < < EOF                    #进行投影态密度的计算
&inputpp
    outdir =' $TMP_DIR/'
    prefix ='i4m2PC'
    Emin = -30.0, Emax =50.0, DeltaE =0.1
    ngauss =1, degauss =0.02
/
EOF
$ECHO "  Running PDOS calculation ...\c"
$PROJWFC_COMMAND < i4m2PC.pdos.in > i4m2PC.pdos.out
$ECHO " Done"
```

计算结束后,可以在相关输出文件中,进行态密度和投影态密度的读取,并用以绘图。

第3章 固态氢金属化压力和演化路径理论研究

3.1 引 言

氢在元素周期表中位于第一位,是电子结构排布最简单的元素,在常温常压下的形态是气态。然而在高压下,它会发生一系列奇特的相变,并且拥有很多新奇的性质。压力可以减小原子间的距离,并且改变电子轨道和成键模式,进而改变材料的物理化学性质。1935 年,Wigner 和 Huntington 预测分子固态氢在 25 GPa压力下会转变为具有金属性的原子态。1964 年,Ashcroft 提出,由于氢的相对分子质量小,具有较高的德拜温度,因此其在金属化后可能具有较高的超导转变温度。因此,越来越多的理论和实验工作都致力于氢在高压下的结构、金属性及超导电性的研究。确定氢在高压下的相图是凝聚态物理领域面临的一个很大的挑战。目前已经有大量的理论和实验对高压下的氢进行了研究。金属氢能引起科学家们如此广泛的研究兴趣主要是由于它被预测具有高温超导电性和金属液态基态。另外,它也是高密度、高储能材料,其爆炸威力相当于相同质量 TNT 炸药的 25～35 倍,是目前已知的威力最强大的化学爆炸物。同时,也有科学家对固态氢的研究兴趣起源于与天体物理学相关的方面。

在较低的压力下,氢的第 I 相是一个六角密堆结构的分子相,而且它的存在温度和压力范围很大。在低温下,其随着压力的增加会相变到对称破缺的第 II 相。当压力达到 160 GPa 附近时,第 II 相会转变为第 III 相。随后,实验上的报道证明了在 300 K 和高于 230 GPa 的条件下出现了氢的第 IV 相。P. Dalladay - Simpson 等人的实验结果表明,在 300 K 和高于 325 GPa 的条件下,H_2 和氘化氢会相变到第 V 相。实验上的结果并不能确定第 III 相和第 IV 相是否具有金属性,尽管有报道提出第 V 相可能是原子相。I. F. Silvera 课题组 2017 年的实验结果表明,固态氢会在 495 GPa 的压力下金属化,并相变到了原子相。但是关于这一结果仍然存在着很多争论。该实验给出了固态氢金属化的证据:样品从透明变为不透明的图片。然而在如此极端的压力条件下,实验测量的难度非常大,该实验的数据并不完整,没有与结构信息直接相关的 XRD 衍射图谱;没有表征与结构相关的声子振动的拉曼光谱。最近,M. I. Eremets 课题组提出固态氢中分子相会稳定存在到 440 GPa,在更高的压力下拉曼信号消失,意味着固态氢相变为具有更好金属性的分子相或者是解离为原子态。P. Loubeyre 等人提出固态氢的第 III 相会稳定存在到 425 GPa,而且固态氢的金属化会发生在分子相内。

另外,第一性原理计算可以作为一种强有力的工具以弥补实验数据的不足,例如可以给出固态氢的候选结构。早期的理论工作都集中于探索较低压力的固态氢的候选结构,而近期的研究都集中在较高压力区域。$P6_122$ 和 $C2/c-24$ 结构分别被认为是第 III 相中低于 200 GPa 和高于 200 GPa 压力范围内的候选结构。正交的 $Pbcn$ 结构被认为是高温相第 IV 相的候选结构。B. Monserrat 等人提出 $Pca2_1$ 结构极有可能是实验上在高于 325 GPa 和 300 K 存在的第 V 相结构。在更高的压力下,固态氢的相序是 $Cmca-12 \rightarrow Cmca-4 \rightarrow C2/c-12$,其中 $Cmca-4$ 和 $C2/c-12$ 是金属相。在高于 0.59 TPa 时,分子固态氢解离为原子金属氢,其空间结构为 $I4_1/amd$。最近,一个正交的 $Fddd$ 结构被提出是原子金属氢的候选结构,然而它可以通过对 $I4_1/amd$ 结构的畸变获得,而且它们的焓值几乎相等。

虽然近年来有许多理论工作对氢金属化进行了广泛而深入的研究,金属化压力和演化路径仍然存在着很大争议。利用 diffusion quantum Monte Carlo 方法,Azadi 等人提出固态氢的金属化是通过在 374 GPa 的 $Cmca-12$ 到 $I4_1/amd$ 相变发生的,而 Drummond 等人提出固态氢的金属化发生在高于 400 GPa 的压力下。McMinis 等人利用量子蒙特卡洛方法预测了原子金属相 $I4_1/amd$ 会在 447 GPa 压力附近出现,而且 $C2/c-24$ 会一直稳定存在至分子相到原子相的相变。最近,Azadi 等人利用密度泛函理论且考虑范德华力修正对所有的分子相进行了计算。其计算结果表明,固态氢的金属化发生在 400 GPa,且金属化路径是 $Pbcn \rightarrow Cmca-4$ 两个分子相结构之间的相变。

在本章中,利用第一性原理计算方法对固态氢在 300~600 GPa 的相图以及金属化行为进行了探索。较于之前的研究,本章中考虑了更多的候选结构。在经过严格的测试以后,在考虑了范德瓦尔斯力修正时,对所有金属固态氢可能候选结构的热力学稳定性、动力学稳定性、电子结构以及超导电性进行了系统的研究。研究发现,固态氢会在 485 GPa 左右的压力下发生金属化,其金属化路径是 $C2/c-24$ 到 $Cmca-4$ 结构的相变,随后会在 600 GPa 解离为原子金属氢。此外,也通过范德华力修正的引入对 $Cmca-4$ 和 $I4_1/amd$ 两种结构的电声耦合常数和超导电性的影响进行了讨论分析。

3.2　计算细节

通过对文献的调研,得到了在压力区间为 300~600 GPa 时,有可能是固态氢候选结构的几种结构: $C2/c-12$、$Fddd$、$I4_1/amd$、$Cmca-4$、$Pbcn$、$C2/c-24$ 和 $Cmca-12$。其中 $Fddd$ 和 $I4_1/amd$ 是原子相,其他 5 种结构是分子相。随后利用基于密度泛函理论的第一性原理计算软件 VASP 对几种候选结构进行了结构弛豫和总能的计算。我们选用了 VASP 赝势库中的 H_h 赝势,价电子为 $1s^1$。交换关联泛函选用了梯度校正(GGA)下的 Perdew – Burke – Ernzerhof (PBE)方法进行处理。平面波基组展开的截断能设置为 1200 eV,布里渊区中的 K 网格使用了 $2\pi \times 0.025$ Å^{-1} 精度。声子谱和声子态密度的计算使用了采用有限位移法的 Phonopy 软件。我们又使用了包含范德瓦尔斯力修正的 vdW – DF1 和 vdW – DF2 两种泛函对总能和声子进行计算,以便考虑可能的范德瓦尔斯力相互作用的影响。在 vdW – DF1 和 vdW – DF2 中,我们分别使用了 optB86b 和 rPW86 类型的交换能泛函。根据下面的公式,我们可以在完成声子的计算以后,求得零点振动能:

$$E_{ZPE} = \left(\frac{1}{2}\right) \sum_{qv} \hbar\, \omega_{qv} \qquad\qquad (3-1)$$

式中 v 表示了在波矢 q 处的一支声子。金属相的电子 – 声子耦合作用的计算是通过 Quantum – ESPRESSO 软件完成的。赝势选用的是 RabeRappe – Kaxiras – Joannopoulos 超软赝势。截断能(kinetic energy cutoff)选取为 80 Ry,$I4_1/amd$ 和 $Cmca-4$ 这两种结构的第一布里渊区 q 网格选分别取为 $10\times10\times4$ 和 $7\times4\times5$。赝势的选择以及 phonopy 扩胞倍数的设置等都经过了严格的测试。

为了测试计算中选用的 PAW 赝势(VASP 赝势库中的 H_h)在高压下的准确性,使用 WIEN2k 软件包进行了全势计算,以此来检测 PAW 赝势计算结果的合理性。分别利用 WIEN2k 和 VASP 计算了 $Cmca-12$ 结构在压力 300~600 GPa 时的总能,随后将得到的能量 – 体积数据用 Birch – Murnaghan 三阶状态方程进行拟合,得到了能量 – 体积曲线(EOS),如图 3 – 1(a)所示。可以看出,在压力为 300~600 GPa 时,两条曲线的差别小于 1%,这说明了 VASP 计算中所使用的 H_h 赝势在我们讨论的压力范围内是合理的。

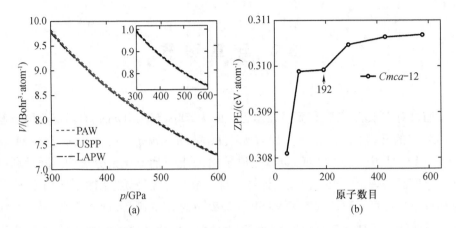

图 3 - 1　利用不同方法计算的 *Cmca* - 12 结构的状态方程 *p* - *V* 曲线(a)以及 *Cmca* - 12 结构中零点振动能随着晶胞中原子数变化的趋势(b)

在使用 Phonopy 计算声子过程中,不同的扩胞倍数对于零点振动能有相对较大的影响,所以对每种结构分别进行了零点振动能(ZPE)的收敛性测试,如图 3 - 1(b)和图 3 - 2 所示。从图中可以看出,随着原子数的增多,零点振动能会逐渐趋于收敛。为了保证零点振动能的收敛优于每个原子 1 meV,对于 *C2/c* - 12、 *Fddd*、*I4$_1$/amd*、*Cmca* - 4、*Pbcn*、*C2/c* - 24 和 *Cmca* - 12 这些结构,本章内容中后续的声子计算分别选取了 216 个、256 个、200 个、240 个、192 个、216 个、192 个原子的超胞,其对应的扩胞倍数分别为 3 × 2 × 3, 2 × 4 × 4, 5 × 5 × 2, 5 × 2 × 3, 2 × 2 × 1, 3 × 3 × 1, 2 × 2 × 2。

为了验证有限位移法和密度泛函微扰理论(DFPT)两种方法计算的一致性,对两种方法计算的声子谱和零点振动能进行比较,如图 3 - 3 和表 3 - 1 所示。图中使用有限位移法和 DFPT 方法,采用不同的泛函计算了 500 GPa 下 *Cmca* - 4 的声子谱。图 3 - 3 中,图(a)是利用有限位移法,采用 GGA - PBE 泛函计算得到的声子谱;图(b)是利用 DFPT 方法,采用 GGA - PBE 泛函计算得到的声子谱;图(c)利用有限位移法,采用 vdW - DF2 泛函计算得到的声子谱;图(d)是利用 DFPT 方法,采用 vdW - DF2 泛函计算得到的声子谱。从图 3 - 3 可以看出,无论采用何种泛函,有限位移法计算得到的声子谱与 DFPT 计算的声子谱都是一致的。图中 *f* 表示频率。零点振动能的比较见表 3 - 1。当采用 GGA - PBE 泛函时,两种方法计算出的零点振动能的相差约为 1.8 meV。对于 vdW - DF2 泛函,相差约为 1.5 meV。对于这两个泛函,零点振动能的差异几乎可以忽略不计。因此,可以认为有限位移法和密度泛函微扰理论这两种方法给出了相同的声子谱和零点振动能。

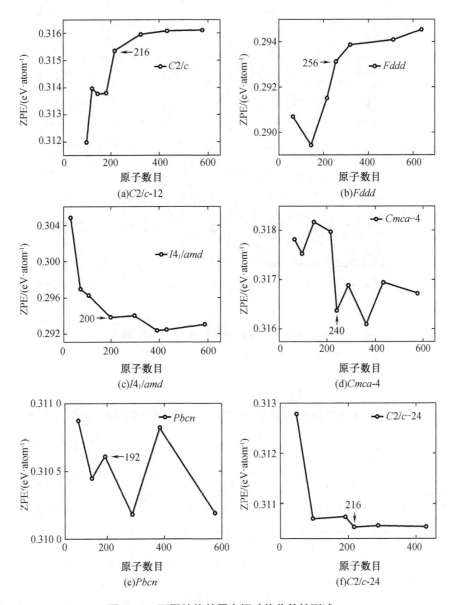

图 3-2　不同结构的零点振动能收敛性测试

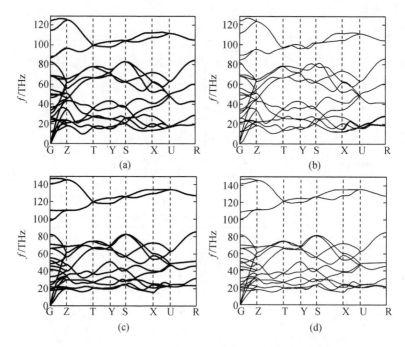

图 3 - 3   *Cmca* - 4 在 500 GPa 压力条件下的声子谱

表 3 - 1   利用有限位移法和密度泛函微扰理论(DFPT)两种方法,采用 GGA - PBE 和 vdW - DF2 两种不同的泛函计算的 *Cmca* - 4 在 500 GPa 压力下的零点振动能对比

计算方法	泛函	零点振动能/eV
Phonopy(finite displacement)	GGA - PBE	0.330 5
Quantum - Espresso(DFPT)	GGA - PBE	0.328 7
Phonopy(finite displacement)	vdW - DF2	0.355 5
Quantum - Espresso(DFPT)	vdW - DF2	0.354 0

3.3　焓 差 曲 线

根据之前相关文献的报道,可以发现,在压力为 300 ～ 600 GPa 时,固态氢的候选结构有 $C2/c - 12$、$Fddd$、$I4_1/amd$、$Cmca - 4$、$Pbcn$、$C2/c - 24$ 和 $Cmca - 12$。首先利用传统的 GGA – PBE 交换关联泛函对上述结构进行了静态晶格焓差曲线(不包含晶格零点振动能修正)的计算,如图 3 – 4 所示。从图中可以看出,在我们研究的压力范围内,$Cmca - 12$、$Cmca - 4$、$C2/c - 12$、$I4_1/amd$ 分别在 300 ～ 385 GPa、385 ～ 470 GPa、470 ～590 GPa 以及大于 590 GPa 压力下是能量最低的,这与前人报道的结果相同。值得说明的是,$I4_1/amd$ 与 $Fddd$ 比较相像,所以其焓值非常接近。

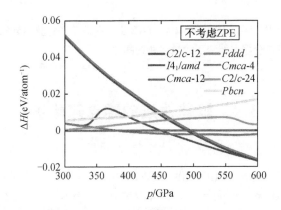

图 3 – 4　使用 GGA – PBE 交换关联泛函计算的不包含零点能修正的焓差曲线图

根据文献的报道,利用密度泛函理论(DFT)对高压下分子氢的计算会依赖于交换关联泛函。利用普通的 GGA – PBE 计算分子氢的能量是比较粗糙的,而且分别有文献报道,利用包含范德瓦尔斯力修正的 vdW – DF1 和 vdw – DF2 交换关联泛函,能够给出比 GGA – PBE 合理的结果。所以,本章中利用 vdW – DF1 和 vdW – DF2 泛函对上述结构进行了静态晶格焓差曲线的计算,结果如图 3 –5 所示。

根据 vdW – DF1 泛函的计算结果,300 ～ 600 GPa 压力区间内,$C2/c - 24$、$Cmca - 12$、$Cmca - 4$、$C2/c - 12$ 分别在 300 ～ 330 GPa、330 ～ 390 GPa、390 ～530 GPa、530 ～600 GPa 压力范围内稳定;在使用 vdW – DF2 泛函时,$C2/c - 12$ 在全部压力区间内相变为 $Cmca - 4$,所以在图中省略了 $C2/c - 12$ 的焓差曲线。可

以看出,在本章所研究的压力区间内,稳定的结构分别是 $C2/c-24$ 和 $Cmca-12$。由于氢元素的质量小,所以固态氢的零点振动效应比较明显,ZPE 会比较高,而且在上述计算的结构中,原子相的 ZPE 应当比其他结构的 ZPE 低很多。所以考虑 ZPE 的修正对于研究氢的高压相图是很有必要的。

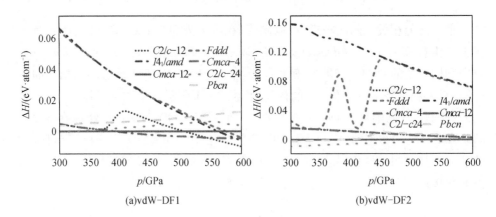

图 3 – 5 利用 **vdW – DF1** 和 **vdW – DF2** 交换关联泛函计算得到的固态氢的不包含零点能修正的焓差曲线图

3.4 焓差曲线的零点能修正

随后分别使用 GGA – PBE、vdW – DF1 和 vdW – DF2 交换关联泛函计算了上述结构的零点振动能。从图 3 – 6 中可以看出,在使用 GGA – PBE 泛函的情况下,原子相($I4_1/amd$ 和 Fddd)在整个研究的压力区间内的能量比其他相都要低,而且二者曲线也很接近。然而,$I4_1/amd$ 在 440 GPa 压力以下,G 点附近存在虚频;而 Fddd 结构也类似,其在 420 GPa 以上时才是动力学稳定的。两种结构的声子色散关系如图 3 – 7 所示。而当压力为 300 ~ 420 GPa 时,$Cmca-4$ 的焓值虽然比原子相($I4_1/amd$ 和 Fddd)的高,但是与其他结构相比能量较低。由于原子相在这个区间内动力学不稳定,所以随后又计算了 $Cmca-4$ 的声子谱,如图 3 – 8 所示。$Cmca-4$ 是动力学稳定的。由此,可以得出在不加范德瓦尔斯力修正的情况下,$Cmca-4$、Fddd、$I4_1/amd$ 分别在 300 ~ 420 GPa、420 ~ 440 GPa、440 ~ 600 GPa 下是动力学和热力学稳定的,这一预测结果与实验上的固态氢在 350 GPa 压力以下未发生金属化的结果相矛盾,因此 GGA – PBE 泛函无法对固态氢的相图进行合理的描述。

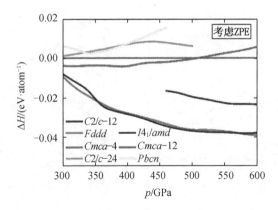

图 3－6 使用 GGA－PBE 交换关联泛函时,加入了零点能修正的焓差曲线图

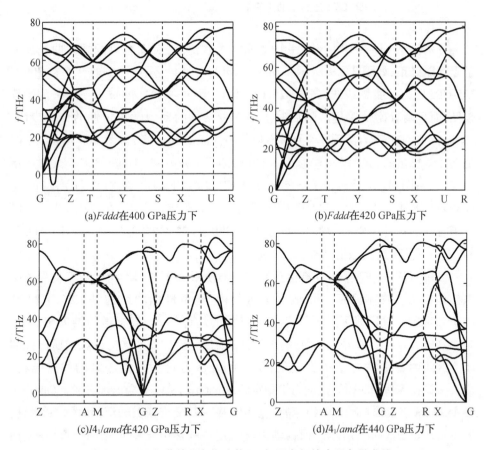

(a)$Fddd$在 400 GPa 压力下

(b)$Fddd$在 420 GPa 压力下

(c)$I4_1/amd$在 420 GPa 压力下

(d)$I4_1/amd$在 440 GPa 压力下

图 3－7 不加范德瓦尔斯力修正时,固态氢的声子色散曲线

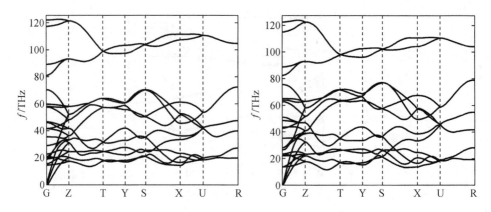

图 3 - 8　不加范德瓦尔斯力修正时,*Cmca* - 4 结构分别在 300 GPa 和
400 GPa 压力下的声子谱

分别使用 vdW - DF1、vdW - DF2 交换关联泛函,对固态氢的焓差曲线加入了零点能修正,如图 3 - 9 所示。在使用 vdW - DF1 泛函时,*Cmca* - 4 在 300 ~ 325 GPa 压力下能量最低,高于 325 GPa 以后,原子相(*I4₁/amd* 和 *Fddd*)的焓值较低,而且两者比较接近。随后对上述三种结构的动力学稳定性的计算表明,*I4₁/amd* 在 500 GPa 以下时动力学不稳定的,*Cmca* - 4 和 *Fddd* 在 500 GPa 以下时是动力学稳定的,如图 3 - 10 所示。图(a)表示 *Cmca* - 4 结构在 320 GPa 压力下的声子谱;图(b)表示 *Fddd* 结构在 340 GPa 压力下的声子谱;图(c)和(d)是 *I4₁/amd* 分别在 480 GPa 和 500 GPa 压力下的声子谱。所以,在使用 vdW - DF1 泛函时,*Cmca* - 4、*Fddd*、*I4₁/amd* 分别在 300 ~ 325 GPa、325 ~ 500 GPa、500 ~ 600 GPa 下是候选的稳定结构。

使用 vdW - DF2 泛函计算得到的结果与使用 vdW - DF1 泛函计算得到的结果相差很大。在本章所讨论的压力区间内,能量最低的结构是 *C2/c* - 24 和 *Pbcn*,如图 3 - 9(b)所示。热力学稳定结构的趋势与 Azadi 报道的结果相似,只是相变压力点有所差异。然而,动力学计算结果表明 *Pbcn* 结构在我们所研究的压力区间内都是动力学不稳定的,所以此处认为它不是固态氢的候选结构。*C2/c* - 24 在 560 GPa 以下是动力学稳定的,在 560 GPa 以上会出现虚频。*Cmca* - 4 在 450 GPa 以上都是动力学稳定的。使用 vdW - DF2 交换关联泛函时固态氢结构的声子谱如图 3 - 11 所示。根据动力学稳定性和热力学稳定性的研究,在使用 vdW - DF2 泛函时,*C2/c* - 24、*Cmca* - 4 分别在 300 ~ 485 GPa、485 ~ 600 GPa 压力下是固态氢的候选结构,随后会在 600 GPa 左右相变到原子相(*I4₁/amd* 和 *Fddd*)。

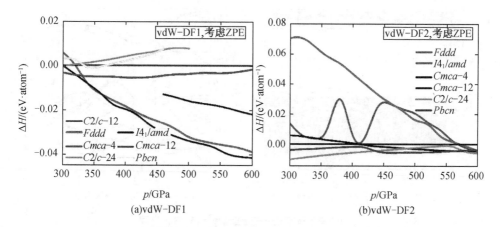

(a)vdW-DF1　　　　　　　　(b)vdW-DF2

图 3 - 9　利用 vdW - DF1 和 vdW - DF2 交换关联泛函对固态氢加入零点能修正后的焓差曲线图

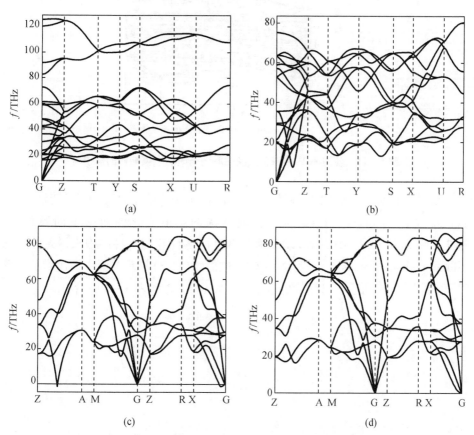

图 3 - 10　使用 vdW - DF1 交换关联泛函时固态氢结构的声子谱

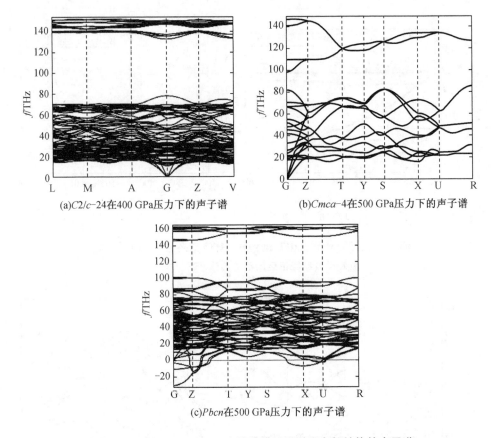

(a)C2/c-24在400 GPa压力下的声子谱

(b)Cmca-4在500 GPa压力下的声子谱

(c)Pbcn在500 GPa压力下的声子谱

图3-11　使用 vdW-DF2 交换关联泛函时固态氢结构的声子谱

此外,可以注意到,图3-9中 $I4_1/amd$ 和 $Pbcn$ 的焓差曲线并不是特别平滑,这可能是由于 $Cmca-12$ 结构与其他结构的焓值变化的速率不同导致的。图3-12和图3-13中绘制了分别采用两种泛函计算的三种结构未做差的焓值(direct enthalpy values)。很明显,它们的绝对焓值(H)都是单调线性递增的。此外,绘制图3-9所示三种结构的数据点也在表3-2和表3-3中给出。

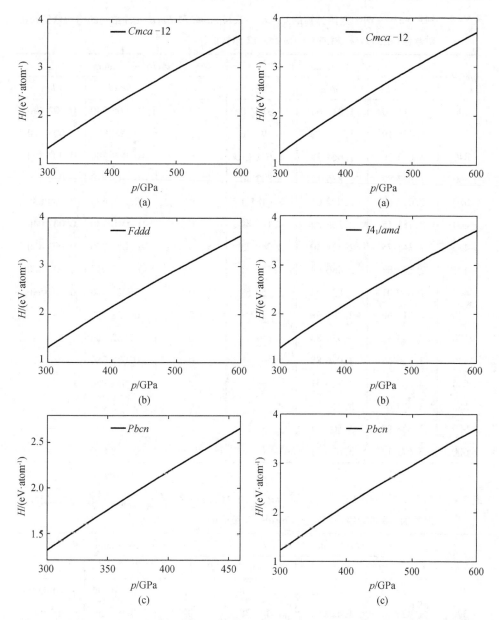

图 3 - 12　利用 vdW - DF1 泛函计算的　　图 3 - 13　利用 vdW - DF2 泛函计算的
　　　　　Cmca - 12、*I4₁/amd* 和 *Pbcn*　　　　　　　*Cmca* - 12、*I4₁/amd* 和 *Pbcn*
　　　　　三种结构的绝对焓值　　　　　　　　　　三种结构的绝对焓值

表 3 – 2 利用 vdW – DF1 泛函计算的 $Cmca-12$、$I4_1/amd$ 和 $Pbcn$ 三种结构的绝对焓值和相对焓值（相对焓值是相对于 $Cmca-12$ 结构的）

p/GPa	H/(eV·atom^{-1})			ΔH/(eV·atom^{-1})		
	$Cmca-12$	$Fddd$	$Pbcn$	$Cmca-12$	$Fddd$	$Pbcn$
300	1.311 70	1.317 63	1.314 40	0	0.005 930	0.002 690
320	1.495 19	1.496 12	1.498 76	0	0.000 927	0.003 570
340	1.673 79	1.664 49	1.671 61	0	− 0.009 300	− 0.002 190
360	1.847 82	1.835 12	1.847 40	0	− 0.012 710	0.000 429
380	2.017 68	2.002 01	2.018 31	0	− 0.015 670	− 0.000 635
400	2.183 45	2.165 32	2.185 49	0	− 0.018 130	0.002 040
420	2.345 75	2.324 40	2.349 23	0	− 0.021 350	0.003 480
440	2.504 83	2.480 93	2.509 71	0	− 0.023 910	0.004 880
460	2.660 01	2.634 28	2.667 59	0	− 0.025 730	0.007 580
480	2.812 66	2.784 38	——	0	− 0.028 290	——
500	2.963 32	2.930 83	——	0	− 0.032 500	——
520	3.110 65	3.076 88	——	0	− 0.033 780	——
540	3.255 56	3.220 61	——	0	− 0.034 950	——
560	3.398 62	3.362 80	——	0	− 0.035 830	——
580	3.538 98	3.502 21	——	0	− 0.036 770	——
600	3.677 12	3.638 31	——	0	− 0.038 800	——

表 3 – 3 利用 vdW – DF2 泛函计算的 $Cmca-12$、$I4_1/amd$ 和 $Pbcn$ 三种结构的绝对焓值和相对焓值（相对焓值是相对于 $Cmca-12$ 结构的）

p/GPa	H/(eV·atom^{-1})			ΔH/(eV·atom^{-1})		
	$Cmca-12$	$I4_1/amd$	$Pbcn$	$Cmca-12$	$I4_1/amd$	$Pbcn$
300	1.236 53	1.236 53	1.232 58	0	0.070 02	− 0.003 95
320	1.429 91	1.429 91	1.426 38	0	0.071 39	− 0.003 54
340	1.617 87	1.617 87	1.614 62	0	0.064 64	− 0.003 26
360	1.800 86	1.858 26	1.798 21	0	0.057 39	− 0.002 65
380	1.979 26	2.033 15	1.977 14	0	0.053 89	− 0.002 12
400	2.153 42	2.199 89	2.151 52	0	0.046 47	− 0.001 90
420	2.323 63	2.363 54	2.322 12	0	0.039 92	− 0.001 50

表 3 - 3(续)

p/GPa	H/(eV·atom⁻¹)			ΔH/(eV·atom⁻¹)		
	Cmca - 12	I4₁/amd	Pbcn	Cmca - 12	I4₁/amd	Pbcn
440	2.490 15	2.522 86	2.484 71	0	0.032 71	- 0.005 44
460	2.653 20	2.680 05	2.647 29	0	0.026 85	- 0.005 91
480	2.812 84	2.835 54	2.807 30	0	0.022 69	- 0.005 54
500	2.969 45	2.984 07	2.963 94	0	0.014 62	- 0.005 52
520	3.123 35	3.138 37	3.117 89	0	0.015 02	- 0.005 45
540	3.274 33	3.278 05	3.269 38	0	0.003 72	- 0.004 95
560	3.422 78	3.424 52	3.418 23	0	0.001 74	- 0.004 54
580	3.568 66	3.567 45	3.564 73	0	- 0.001 20	- 0.003 93
600	3.712 40	3.708 23	3.708 76	0	- 0.004 17	- 0.003 64

注：表中 H 列的表头为 $Cmca-12$、$I4_1/amd$、$Pbcn$。

另外,也可以从以下两方面分析图 3 - 9 中焓差曲线的不平滑现象。一方面,某些结构的晶格参数随压力变化展现出的波动性会导致焓差曲线的不平滑现象。如图 3 - 9(b)所示的利用 vdW - DF2 泛函计算的包含零点振动能修正的 $Pbcn$ 的焓差曲线。很明显,在 420 GPa 附近,其焓差曲线存在一个相对幅度较大的下降。同时,在不包含零点振动能修正的情况下,其焓差曲线也在 420 GPa 附近存在一个相对幅度较大的降低(图 3 - 5(b))。图 3 - 14(a)中绘制了 $Pbcn$ 晶格参数随着压力变化的趋势,尽管其空间群随着压力增加保持不变,但是在 420 GPa 附近,其晶格参数存在着较为明显的非线性变化。因此,我们认为,$Pbcn$ 晶格参数随着压力的非线性变化导致了图 3 - 9(b)中所示 $Pbcn$ 结构焓差曲线的不平滑现象。另一方面,零点振动能的引入也会导致图 3 - 9 中所示的焓差曲线不平滑现象。例如,图 3 - 9(a)中利用 vdW - DF1 泛函计算的包含零点振动能修正的 $Pbcn$ 结构焓差曲线。在不加入零点振动能修正的情况下,其焓差曲线随压力变化是很平滑的(图 3 - 5(a))。因此我们认为,在使用 vdW - DF1 泛函计算时,零点振动能修正的引入导致了 $Pbcn$ 结构焓差曲线的不平滑。值得注意的是,虽然我们对于零点振动能的收敛性进行了详尽的测试,但是不同结构的零点振动能相减仍有可能造成焓差曲线的不平滑现象。此外,某些结构的焓差曲线的不平滑现象是受到零点能修正的引入和晶格参数共同影响导致的。例如,利用 vdW - DF1 和 vdW - DF2 两种泛函计算的引入零点振动能修正的 $I4_1/amd$ 结构的焓差曲线,随着压力的增加,都会出现波动性的变化(图 3 - 9)。在不考虑零点振动能修正的情况下(图3-5),$I4_1/amd$结构的焓差曲线仅有轻微的波动。因此,尽管已经对零点能的收敛性进行了测试以确保能量的准确性,但引入零点能修正仍会加剧其焓差曲线的不平滑现象。此外,从图3-14(b)和图3-15(b)中可以看出,随着压力升高,$I4_1/amd$结构的空间群未发生变化,但其晶格参数(长度l)会呈现出波动性的变化趋势,这也是造成其焓差曲线不平滑现象的原因之一。

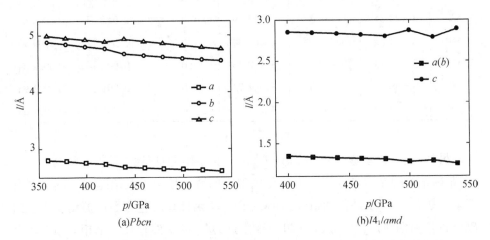

图3-14 利用 vdW-DF2 泛函计算的两种结构的晶格参数随压力变化的趋势

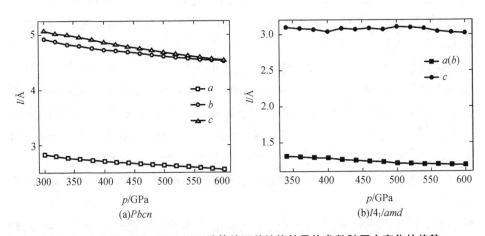

图3-15 利用 vdW-DF1 泛函计算的两种结构的晶格参数随压力变化的趋势

3.5　固态氢金属化行为分析

随后,本章对比分析了 vdW – DF1 和 vdW – DF2 两种泛函来说明 vdW – DF2 泛函在描述固态氢相图上具有更好的可靠性。对于这两种泛函,其交换关联能都可以写为如下形式:

$$E_{xc} = E_x^{GGA} + E_c^{LDA} + E_c^{NL} \tag{3-2}$$

式中,对于 vdW – DF1 和 vdW – DF2,E_x^{GGA} 分别是 optB86b 和 rPW86;E_c^{LDA} 是短程的相关能;E_c^{NL} 是非局域项。对于这两种泛函来说,E_c^{LDA} 和 E_c^{NL} 并没有区别。因此,两种泛函的不同主要来源于 GGA 形式的交换项 E_x^{GGA}。

在两种泛函中,E_x^{GGA} 都可以写成如下形式:

$$E_x^{GGA} = \int dr n(r)\, \varepsilon_x^{unif}[n(r)]\, F_x^{GGA}[s(r)] \tag{3-3}$$

式中,$\varepsilon_x^{unif} = -3\,k_F/4\pi$,$k_F = (3\,\pi^2 n)^{1/3}$;$F_x^{GGA}[s(r)]$ 代表 GGA 增强因子,它是关于密度梯度 $s = |\nabla n|/(2\,k_F n)$ 的函数,其依赖关系如图 3 – 16 所示。对于密度梯度 s 较大的情况,rPW86 和 optB86b 都给出了与 $s^{2/5}$ 成比例的增强因子。根据报道,在 H_2 二聚体类似的体系中,密度梯度 s 贡献很大,大约达到了 25,而且有分析表明,对于类似固态氢等密度梯度 s 较大的情况,rPW86 会更适用。因此,对固态氢中考虑范德瓦尔斯力修正时,vdW – DF2 泛函要比 vdW – DF1 泛函更为适用。

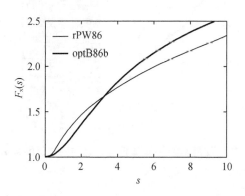

图 3 – 16　对于 rPW86 和 optB86b 两种方法,GGA 增强因子与密度梯度的依赖关系

在本章研究的几种结构中,分子相 $Cmca-4$ 和两个原子相均具有金属性。根据上面焓差曲线的相关讨论,在使用普通 GGA – PBE 和 vdW – DF1 交换关联泛函时,考虑了零点振动能以后,$Cmca-4$ 在 300 GPa 时已经是热力学和动力学稳定的,按照此结果,此时固态氢应该已经发生了金属化。然而,这与实验上报道的固态氢在 350 GPa 压力以上才会发生金属化相矛盾。根据上面的论述,我们认为本章中使用 vdW – DF2 泛函计算的结果要比 vdW – DF1 和 GGA – PBE 更为合理。利用 vdW – DF2 泛函计算了固态氢的电子结构,其金属化行为随压力变化如图 3 – 17 所示。图中左侧白色区域表示 $C2/c-24$ 的带隙随压力变化的趋势;右侧灰色区域表示 $Cmca-4$ 的费米面处电子态密度 $N(\varepsilon_F)$ 随压力变化的趋势。$C2/c-24$ 中的带隙明显地随着压力的升高而降低,这与经典的 Wilson 相变相一致。由于普通的密度泛函理论计算常常会低估带隙,因此 $C2/c-24$ 在 480 GPa 的实际带隙要高于此处计算得到的 1.49 eV。因而固态氢的绝缘性会保持到 480 GPa 左右。当压力继续升高到 485 GPa 左右时,$C2/c-24$ 相变到金属分子相 $Cmca-4$ 结构。其费米面处电子态密度 $N(\varepsilon_F)$ 随着压力升高而继续升高。综上分析,固态氢会在 485 GPa 附近发生金属化,金属化演化路径是绝缘分子相 $C2/c-24$ 到金属分子相 $Cmca-4$ 的相变;随后在 600 GPa 压力附近会相变到金属原子相。金属化压力点与最近 I. F. Silvera 课题组的实验报道结果相符合。

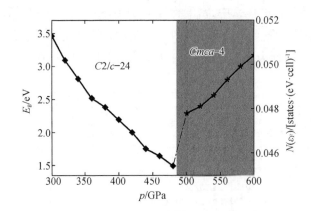

图 3 – 17　使用 vdW – DF2 泛函计算的固态氢的金属化行为

3.6　固态氢超导电性分析

首先,对分子金属相和原子金属相的超导电性进行了分析,并且讨论了 vdW – DF2 泛函对于电声耦合和超导电性的影响。首先,采用 GGA – PBE 和 vdW – DF2 两种泛函计算得到 $Cmca-4$ 和 $I4_1/amd$ 两种结构分别在 500 GPa 和 600 GPa 压力下的电声耦合(EPC)常数 λ、声子频率算术平均值 $\omega_{\log}$ 以及 Eliashberg 声子谱函数 $\alpha^2 F(\omega)$。λ 和 $\omega_{\log}$ 的数值见表 3 – 4,而计算的 $\alpha^2 F(\omega)$ 以及积分 $\lambda(\omega)$ 如图 3 – 18 所示。

表 3 – 4　$Cmca-4$ 和 $I4_1/amd$ 两种结构的相关数值

相	泛函	p/GPa	$N(\varepsilon_F)$/[states·(eV·cell)$^{-1}$]	$\omega_{\log}$/K	$\langle\omega^2\rangle^{1/2}$/THz	$\langle I^2\rangle$/(eV²·Å^{-2})	λ	T_c/K
$Cmca-4$	GGA – PBE	500	0.090	1 688	320	172.1	1.45	192
$Cmca-4$	vdW – DF2	500	0.062	1 813	356	198.0	0.93	119
$I4_1/amd$	GGA – PBE	600	0.070	1 884	316	336.6	2.25	299
$I4_1/amd$	vdW – DF2	600	0.056	1 953	306	393.5	2.26	311

图 3 – 18 中,图(a)为利用 GGA – PBE 计算的 $Cmca-4$ 在 500 GPa 压力下的相关数值;图(b)为利用 vdW – DF2 计算的 $Cmca-4$ 在 500 GPa 压力下的相关数值;图(c)为利用 GGA – PBE 计算的 $I4_1/amd$ 在 600 GPa 压力下的相关数值;图(d)为利用 GGA – PBE 计算的 $I4_1/amd$ 在 600 GPa 压力下的相关数值。图中的圆圈的大小代表着相应的声子线宽的数值相对大小。

随后利用 Allen – Dynes 修正的 McMillan 方程对超导转变温度进行计算:

$$T_c = \frac{\omega_{\log}}{1.2}\exp\left[-\frac{1.04(1+\lambda)}{\lambda-\mu^*(1+0.62\lambda)}\right] \qquad (3-4)$$

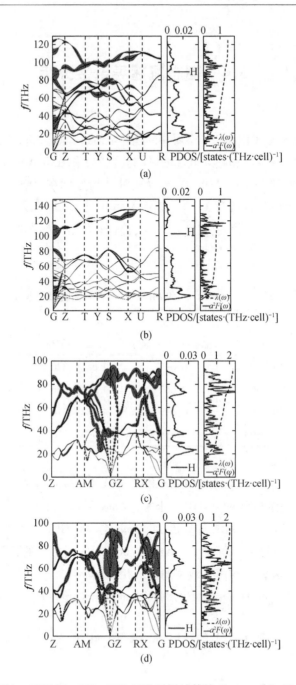

图 3-18　利用 GGA-PBE 和 vdW-DF2 两种泛函计算的 *Cmca*-4 和 *I4₁/amd* 两种结构
　　　　分别在 500 GPa 和 600 GPa 压力下的声子谱、声子态密度、Eliashberg 声子谱函数
　　　　$\alpha^2 F(\omega)$ 以及积分 $\lambda(\omega)$

　　根据 Richardson 和 Ashcroft 的报道,在高密度原子氢中,屏蔽库仑赝势 μ^* 选取为 0.089 较合理,因此这里 μ^* 选取 0.089。在使用 GGA – PBE 泛函的情况下,$Cmca$ – 4 和 $I4_1/amd$ 在 500 GPa 和 600 GPa 压力下的超导转变温度 T_c 分别为 192 K 和 299 K。而使用 vdW – DF2 泛函时,$Cmca$ – 4 和 $I4_1/amd$ 在 500 GPa 和 600 GPa 压力下的超导转变温度 T_c 分别为 119 K 和 311 K。很显然,范德华力修正的引入会使得分子相 $Cmca$ – 4 的超导转变温度 T_c 受到很大的影响,而原子相 $I4_1/amd$ 受到的影响并不大。两种结构不同情况的超导转变温度 T_c 见表 3 – 4。无论是否加入范德华力修正,原子相 $I4_1/amd$ 的 λ 和 $\omega_{\log}$ 均要高于相应条件下 $Cmca$ – 4 的相应数值,进而导致了原子相 $I4_1/amd$ 中 T_c 高于 $Cmca$ – 4 的相应数值。此外,我们也可以看出,$I4_1/amd$ 中的 λ 随着范德华力修正的引入并不会发生变化,而其 T_c 的略微升高主要是源于 $\omega_{\log}$ 的增加。而对于 $Cmca$ – 4,λ 随着范德华力修正的引入而大幅度降低,$\omega_{\log}$ 会随着范德华力修正的引入而升高,但是 λ 变化幅度更大,最终导致了其 T_c 在范德华力修正引入后会大幅度降低。

　　其次,对范德华力修正对于两种结构的 λ 的影响在两个方面进行了进一步分析。

　　一方面,利用 McMillan 强耦合理论中所定义的下面的公式:

$$\lambda = \frac{\eta}{M\langle \omega^2 \rangle} = \frac{N(\varepsilon_F)\langle I^2 \rangle}{M\langle \omega^2 \rangle} \qquad (3-5)$$

式中,M 是原子质量;$N(\varepsilon_F)$ 是费米面处电子态密度(states/spin/eV/cell);$\langle I^2 \rangle$ 是费米面处平均电声耦合矩阵元的平方,这个值是通过表 3 – 4 中给出的 λ、$N(\varepsilon_F)$ 和 $\langle \omega^2 \rangle^{1/2}$ 代入上面的公式中反推求解得到的。相关数值都列在表 3 – 4 中。$Cmca$ – 4 和 $I4_1/amd$ 两种结构中的 $\langle I^2 \rangle$ 均随着范德华力修正的引入而提高。对于 $I4_1/amd$,其 $N(\varepsilon_F)$ 和 $\langle \omega^2 \rangle^{1/2}$ 均随着范德华力的引入而有略微的降低,这对于 λ 的变化分别起到了反向和正向的作用。综合考虑 $\langle I^2 \rangle$、$N(\varepsilon_F)$ 和 $\langle \omega^2 \rangle^{1/2}$ 的影响,最终导致了 $I4_1/amd$ 中 λ 随着范德华力修正的引入而保持基本不变。而在分子相 $Cmca$ – 4 中,其 $N(\varepsilon_F)$ 和 $\langle \omega^2 \rangle^{1/2}$ 随着范德华力修正的引入分别有大幅度的降低和升高,这对于 λ 的变化都起到了反向作用,因此导致了 $Cmca$ – 4 中 λ 随着范德华力修正的引入而大幅度降低。

　　另一方面,对每个倒空间 q 点处的电声耦合强度 λ_q、声子线宽 γ_{qv} 和费米面嵌套函数 ξ_q 进行了计算。总的电声耦合强度 λ 可以利用声子线宽表示为

$$\lambda = \sum_q \lambda_q = \sum_{qv} \lambda_{qv} = \sum_{qv} \frac{\gamma_{qv}}{\pi N(\varepsilon_F)\,\omega_{qv}^2} \qquad (3-6)$$

式中,声子线宽可以表示为

$$\gamma_{qv} = \pi \omega_{qv} \sum_{mn} \sum_k |g_{mn}^v(\boldsymbol{k},\boldsymbol{q})|^2 \delta(\varepsilon_{m,k+q} - \varepsilon_F) \times \delta(\varepsilon_{n,k} - \varepsilon_F) \qquad (3-7)$$

费米面嵌套函数定义为：

$$\xi_q = \sum_{mn} \sum_k \delta(\varepsilon_{m,k+q} - \varepsilon_F) \times \delta(\varepsilon_{n,k} - \varepsilon_F) \tag{3-8}$$

显而易见，γ_{qv} 和 ξ_q 对于 λ 起到正贡献的作用，而声子频率 ω_{qv} 对于 λ 起到负贡献的作用。相较于费米面处电子态密度 $N(\varepsilon_F)$ 而言，嵌套函数 ξ_q 最终决定了布里渊区中每个 q 点处的候选电子形成 Cooper 对的可能性。利用两种泛函计算的 $Cmca-4$ 和 $I4_1/amd$ 两种结构的 ξ_q 和 λ_q 如图 3-19 所示。对于 $I4_1/amd$，随着范德华力修正的引入，不同 q 点处的 λ_q 变化趋势不同，某些升高，某些降低，整体的 λ 变化很小，基本保持不变。而对于 $Cmca-4$，范德华力修正会使得几乎所有 q 点的 λ_q 降低，进而导致了整体的 λ 的降低。这也可以通过图 3-18 中的声子线宽的对比来进行说明。原子相 $I4_1/amd$ 中的声子线宽受范德华力修正的影响很小。而分子相 $Cmca-4$ 中的声子线宽却随着范德华力修正的引入变化很大。很显然，$Cmca-4$ 中的嵌套函数 ξ_q 的变化趋势与 λ_q 一致，根据式(3-6)和式(3-7)，以及分析图 3-18 中的声子谱可以得出，分子相 $Cmca-4$ 中 λ 随着范德华力修正的引入而降低主要是由于嵌套函数降低和声子频率升高。

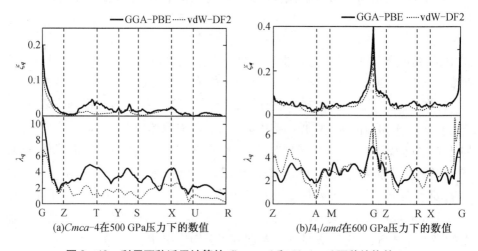

(a)$Cmca$-4在500 GPa压力下的数值 　　　　(b)$I4_1/amd$在600 GPa压力下的数值

图 3-19　利用两种泛函计算的 $Cmca-4$ 和 $I4_1/amd$ 两种结构的 ξ_q

随后，分析了范德华力的引入是如何提升声子频率和降低费米面处电子态密度的。众所周知，声子频率的提高与 H—H 间距的缩短是息息相关的。范德华力修正的引入导致分子相 $Cmca-4$ 中最近邻 H—H 间距缩短了 0.064 Å(表 3-5)，进而导致了其最高振动频率大约有 20 THz 的升高。而 $I4_1/amd$ 中的最近邻 H—H 间距变化较小，范德华力修正对其频率影响较小。$Cmca-4$ 和 $I4_1/amd$ 两种结构中与最高振动频率相关的最近邻 H—H 的振动如图 3-20 所示。

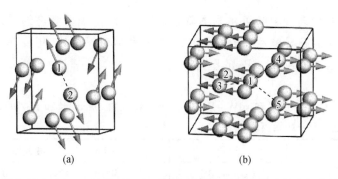

图 3 – 20　*Cmca* – 4 和 *I4₁/amd* 两种结构中与最高振动频率相关的
最近邻 H—H 的振动示意图

　　对于分子相 *Cmca* – 4，最高频的振动模式是与 H 的伸缩振动有关的(图(a)
中标记"1"和"2"的氢原子)。对于原子相 *I4₁/amd*，最高频的振动模式是与 H
与最近邻的 4 个 H 原子的相对运动有关的。四个标记为"2""3""4""5"的 H
原子是标识为"1"的 H 原子的最近邻。H 原子"1"的位移方向与"2"和"3"的位
移方向是一致的，而与原子"4"和"5"的位移方向是相反的。此外，原子"1""2"
"3"组成的平面与原子"1""4""5"组成的平面是垂直的。

　　此外，分子相 *Cmca* – 4 中 $N(\varepsilon_F)$ 随范德华力修正的引入而降低的趋势也是
源于 H—H 键长的变短，因为 H—H 键长的变短导致了局域和局域电荷密度的增
加。所以，根据能带理论，能带的变大是必然的。利用 GGA – PBE 和 vdW – DF2
两种泛函计算，*Cmca* – 4 在 500 GPa 压力下的能带结构和态密度如图 3 – 21 所
示。此外，根据式(3 – 8)，嵌套函数也会伴随着 $N(\varepsilon_F)$ 的降低而降低。

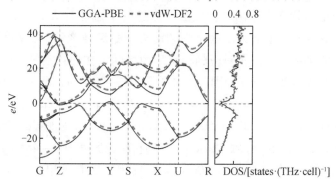

图 3 – 21　*Cmca* – 4 在 500 GPa 压力下的能带结构和态密度

　　因此，在金属分子相 *Cmca* – 4 中，范德华力的引入会减小 H—H 间距，因而
会导致声子振动频率对 λ 的反向贡献增多，而电子结构对 λ 的正向贡献降低，并

最终导致了超导转变温度 T_c 的显著降低。同时,范德华力修正的引入对金属原子相 $I4_1/amd$ 的超导电性的影响很小。此外,我们也推断出,想要获得室温超导的固态氢,大约需要 600 GPa 的压力。

表3-5　利用 GGA-PBE 和 vdW-DF2 两种泛函计算的 $Cmca-4$ 和 $I4_1/amd$ 两种结构中最近邻 H—H 距离对比

相	泛函	p/GPa	最近邻 H—H 距离/Å
$Cmca-4$	GGA-PBE	500	0.777
$Cmca-4$	vdW-DF2	500	0.713
$I4_1/amd$	GGA-PBE	600	0.964
$I4_1/amd$	vdW-DF2	600	0.942

3.7　本章小结

利用密度泛函理论结合第一性原理计算方法对固态氢在 300~600 GPa 压力下的相图进行了研究。首先通过文献调研获得了在该压力区间内有可能是固态氢候选结构的 7 种结构:$C2/c-12$、$Fddd$、$I4_1/amd$、$Cmca-4$、$Pbcn$、$C2/c-24$ 和 $Cmca-12$。随后分别使用了 GGA-PBE 泛函以及两种非局域的包含范德瓦尔斯力修正(vdW)的泛函对相应的结构进行了总能计算并加入了零点振动能修正。在综合考虑了热力学稳定性和动力学稳定性之后,可以得到使用不同泛函情况下的候选结构以及对应的稳定压力区间。在使用普通 GGA-PBE 泛函时,$Cmca-4$、$Fddd$、$I4_1/amd$ 分别在压力区间 300~420 GPa、420~440 GPa、440~600 GPa 是候选的稳定结构;在使用 vdW-DF1 时,$Cmca-4$、$Fddd$、$I4_1/amd$ 分别在压力区间 300~325 GPa、325~500 GPa、500~600 GPa 是候选的稳定结构;在使用 vdW-DF2 时,$C2/c-24$、$Cmca-4$ 分别在压力区间 300~485 GPa、485~600 GPa 是候选的稳定结构,并会在 600 GPa 附近相变到原子相($I4_1/amd$ 和 $Fddd$)。利用 vdW-DF1 与普通 GGA-PBE 泛函得到的结果与实验上的报道结果不相符,而使用 vdW-DF2 泛函计算的结果是比较合理的,而且金属化压力点与最近 I. F. Silvera课题组的实验报道结果相符。而且,固态氢的金属化路径是绝缘分子相 $C2/c-24$ 到金属分子相 $Cmca-4$ 的相变。随后的超导电性分析表明,范德华力修正的引入对于金属原子相 $I4_1/amd$ 的 λ 和 T_c 影响很小。而对于金属分子相 $Cmca-4$,范德华力修正的引入会减小 H—H 间距,因而会导致声子振动频率升高,费米面处电子态密度 $N(\varepsilon_F)$ 降低,进而最终导致 λ 超导转变温度 T_c 显著降低。因而,对于 $Cmca-4$ 和 $I4_1/amd$ 两种结构,计算得到它们的超导转变温度 T_c 分别为 119 K 和 311 K,想要获得室温超导的固态氢,大约需要600 GPa 的压力。

第4章　高压下 Ta – H 化合物的电子结构和超导电性

4.1　引　　言

近年来,富氢化合物被进行了广泛的研究,而且主要集中在两个方面:一是寻找具有储氢能力的新材料,因为氢被广泛认为是一种很有前途的可再生能源和清洁能源;二是寻找可能的高温超导体,因为富氢化合物在较低的压力下就可能形成具有较高超导转变温度的超导材料。很多氢化物已经被预测为超导材料,如 SiH_4、Si_2H_6、$SiH_4(H_2)_2$、GeH_4、KH_6、GaH_3、InH_3 等,这些氢化物在高压下的超导转变温度可达 17 ~ 139 K。最近,硫氢化合物在高压下被预测有超过 200 K 的超导转变温度,随后被相关实验所证实。之后很多研究进行了关于硫氢化合物的超导机制、非谐效应以及同位素效应的探索。此外,磷氢化合物、与硫同主族的硒、碲的氢化物的超导电性也被进行了深入的研究。

最近过渡金属氢化物也越来越多地被研究和探索。很多铂系金属在常压下并不能与氢形成氢化物,但是也有例外,如 Pd。而压力作为合成材料的一种新途径可以促进反应,形成一些常压下不存在的后过渡金属氢化物,如 Rh、Ir 和 Pt 等元素的氢化物。此外,Pt 和 Ru 被提议用作储氢材料,因为它们能吸附大量的氢。对于ⅢB、ⅣB、ⅤB 族过渡金属,因为它们的电负性比氢的要小,所以其在常温常压下可能会与氢反应形成对应的氢化物。例如具有六方密堆构型的 YH_x,CaF_2 构型(空间群为 $Fm – 3m$)的 TiH_2、ZrH_2、VH_2 和 NbH_2。对于第ⅤB 族元素的二元氢化物,VH_2 和 NbH_2 的相变已经被前人进行了研究。同时,最近 Li 等人预测 Y – H 化合物在高压下是可能的良好超导体。其中,YH_6 在 120 GPa 的压力下,超导转变温度可达 264 K。对于第ⅤB 族的 Ta 元素,它的很多性质及其化合物的很多性质都被进行了深入的探索。近年来,常压下的 Ta – H 化合物的一些配比已经被进行了研究。根据 Asano 等人的报道,Ta – H 化合物会在广泛的组分范围内形成间隙填充的固溶体,而且 Schober 等人提出了 Ta – H 化合物的 9 个相。

Simonović 等人在恒定压力 1 bar 和 573 ~ 823 K 的高温条件下合成了多种组分的 Ta - H 化合物。在接近于 Ta_2H 配比时，H 的有序化出现了。Wanagel 等人研究了 β Ta - H 化合物中的有序化，并且发现了接近于 Ta_2H 配比的 Ta - H 化合物。随后，一些科学家利用 X 射线衍射实验对 Ta_2H 进行了测试，确认了它的空间群是 $C222$。此外，TaH_2 配比也被进行了研究，其空间群被确认为 $Fm - 3m$。最近，Iturbe - García 等人利用高能球磨技术合成了 Ta - H 化合物，其 X 射线衍射实验结果表明，Ta_2H 和 $TaH_{0.5}$ 会在研磨 20 h 后形成。此外，其他配比的 Ta - H 氢化物以及可能的超导电性并没有被研究。

本章研究了高压下的 Ta - H 化合物。首先研究了几种二元钽氢化物的相稳定性。在此基础上，可以得到热力学稳定的结构，并给出了许多在适当压力下可以被合成的稳定相。然后研究了 $Pnma$ (TaH_2)、$R - 3m$ (TaH_4)、$Fdd2$ (TaH_6) 三种化合物的电子结构、声子色散和超导行为。对三种化合物的电声耦合计算表明，它们都是潜在的超导体，超导转变温度分别为 5.4 ~ 7.1 K、23.9 ~ 31 K 和 124.2 ~ 135.8 K。高含氢的 $Fdd2$ (TaH_6) 被发现是潜在的良好的超导体，其超导转变温度为 124.2 ~ 135.8 K。

4.2　计 算 细 节

4.2.1　计算参数

利用自主研发的 ELocR 结构预测方法对 Ta - H 多种配比的化合物在 0 GPa、50 GPa、100 GPa、150 GPa、200 GPa、250 GPa、300 GPa 几个压力点进行了结构搜索。随后利用 VASP 第一性原理计算软件包进行了结构弛豫、电子局域函数等方面的计算。对于 H 和 Ta，选用了 VASP 赝势库中的 H - h 和 Ta_sv_GW 赝势，其截断半径分别为 0.8 a. u. 和 2.5 a. u.，价电子数分别为 1 和 13。交换关联泛函使用梯度校正（GGA）下的 Perdew - Burke - Ernzerhof（PBE）方法进行处理。为了保证能量的收敛优于每个原子 1 meV，平面波基组展开的截断能设定为 950 eV，布里渊区中的 K 网格使用了 $2\pi \times 0.025$ Å^{-1} 精度。电子态密度、三维费米面、声子谱和电声耦合作用的计算使用了基于密度泛函微扰理论的 Quantum Espresso 程序包。赝势采用了超软赝势，截断能选取为 60 Ry，Ta 和 H 的价电子

分别为 $5s^2 5p^6 5d^3 6s^2$ 和 $1s^1$。

4.2.2 计算合理性检测

1. PAW 赝势和超软赝势的合理性检测

为了保证本次计算中选用的 PAW 赝势和超软赝势在如此高的压力下的准确性,我们利用全势线性缀加平面波方法(FP - LAPW)对 VASP 和 Quantum Espresso 所使用的赝势进行了检测,使用的全势软件包是 ELK。分别利用三种方法计算了 *Pnma* (TaH_2)在 150 ~ 300 GPa 压力下的总能,随后将得到的能量 - 体积数据用 Birch - Murnaghan 三阶状态方程进行拟合,得到了能量 - 体积曲线(EOS),如图 4 - 1 所示。从图中可以看到,利用 PAW 和超软赝势拟合的状态方程曲线与 LAPW 方法的拟合结果吻合得非常好。在 150 ~ 300 GPa 压力下,曲线的差别小于 1%。所以,本章中计算使用的 PAW 赝势和超软赝势在本章的研究压力范围内是适用的,可以给出精确合理的结果。

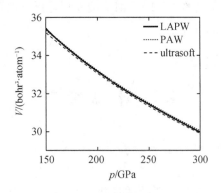

图 4 - 1 分别利用 PAW 赝势、超软赝势、全势 LAPW 方法计算的
***Pnma* (TaH_2)结构的状态方程 *p* - *V* 曲线**

2. 高斯展宽数值检测

在对公式(2 - 58)中的线宽进行计算时,主要利用了 methfessel - paxton 方法对金属的布里渊区进行积分。其中的高斯展宽选择为 0.02 Ry,该值选取的合理性可以通过以下方法进行检测。

利用不同高斯展宽计算了电声耦合常数 λ 在 Γ 点($q = (0,0,0)$)的值,如图 4 - 2 所示。Γ 点处 λ 的值是由下面的公式得到的:

$$\lambda_q = \sum_v \lambda_{qv}$$

$$= \sum_v \frac{2}{N(\varepsilon_F)\,\omega_{qv}} \sum_{mn} \sum_k \omega_k \left| g_{mn}^v(k,q) \right|^2 \delta(\varepsilon_{m,k+q} - \varepsilon_F) \times \delta(\varepsilon_{n,k} - \varepsilon_F)$$

显而易见,在高斯展宽 G_s 为 0.02 ~ 0.04 Ry 时,Γ 点处 λ 的数值 $\lambda_{(0,0,0)}$ 达到了收敛,所以本次计算中选取的 0.02 Ry 的高斯展宽的值是合理的。

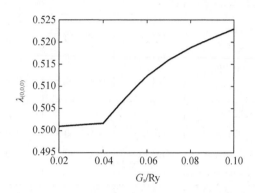

图 4 – 2　利用不同的高斯展宽值,得到的电声耦合常数 λ 在 Γ 点处的数值

3. ELocR 结构预测软件合理性验证

首先用 ELocR 对 Ta_2H、Ta_5H 和 TaH_2 三种配比在常压下的结构进行预测,与实验报道进行对比,验证 ELocR 算法所预测的结构的准确性。使用 ELocR 预测出了三种配比在常压下的候选结构分别为 $C222$、$C2$ 以及 $P6_3mc$,其晶格参数以及原子占位信息见表 4 – 1。随后,基于预测的结构进行了 XRD 拟合,与实验上测得的 XRD 进行了对比,如图 4 – 3 所示。图(a)中,上面的曲线 1 代表 Iturbe – García J. L. 等人实验上测得的 Ta_2H($TaH_{0.5}$)的 XRD,底部的曲线 2 是根据我们预测的 $C222$(Ta_2II)结构拟合的 XRD。插图是我们预测的 $C222$(Ta_2H)的空间结构;图(b)中,上面的曲线 1 代表 Simonović B. R. 等人通过实验测得的 $TaH_{0.2}$ 的 XRD,底部的曲线 2 是根据我们预测的 $C2$(Ta_5H)结构拟合的 XRD。插图是我们预测的 $C2$(Ta_5H)的空间结构。从图中可以看出,基于 $C222$(Ta_2H)和 $C2$(Ta_5H)的计算,分别与实验报道的对应配比在常压下的 XRD 吻合得非常好。而对于 TaH_2 这种配比,我们预测的 $P6_3mc$ 结构与 Müller H. 等人在实验报道的 $Fm-3m$ 不相同。随后我们对这两种结构进行了总能计算,通过对比发现,$P6_3mc$ 结构比 $Fm-3m$ 的焓值低 0.03 eV/atom,而且在使用 ELocR 预测结构过程中,也出现了与 Müller H 等人提出的 $Fm-3m$ 一样的结构。从热力学稳定性角度来看,本次计算中预测的 $P6_3mc$(TaH_2)是合理的。由此可见本章所使用的

ELocR 结构预测软件的准确性。通过以上检测可以看出,本章所采用的理论预测与计算方法是合理的,而且在高压下也会给出可信的结果。

表 4-1　Ta_2H、Ta_5H 和 TaH_2 三种配比在常压下的晶格参数和原子占位信息

相	晶格常数	原子坐标		
$C2$ (Ta_5H)	$a = 13.777$ Å $b = 4.714$ Å $c = 2.893$ Å $\alpha = \gamma = 90.000°$ $\beta = 82.162°$	H(2a) Ta(2b) Ta(4c) Ta(4c)	0.500 0.500 0.398 0.301	1.006 1.275 0.749 0.256	0.000 0.500 0.902 0.304
$C222$ (Ta_2H)	$a = 3.421$ Å $b = 4.771$ Å $c = 4.796$ Å $\alpha = \beta = \gamma = 90.000°$	H(2b) Ta(4k)	-0.500 -0.250	0.000 -0.250	0.000 0.265
$P6_3mc$ (TaH_2)	$a = b = 3.222$ Å $c = 5.153$ Å $\alpha = \beta = 90.000°$ $\gamma = 120.000°$	H(2a) H(2b) Ta(2b)	0.000 0.333 0.333	0.000 0.667 0.667	0.219 -0.0503 0.313

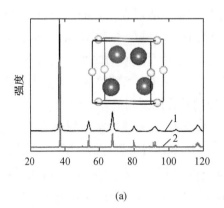 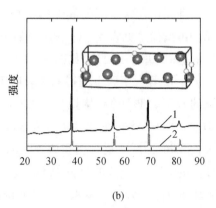

(a) 　　　　　　　　　　　　　(b)

图 4-3　实验报道的相关结构的 XRD 与使用 ELocR 预测的结构所模拟的 XRD 的对比

4.3　Ta – H 体系的高压相图与晶体结构

利用 ELocR 在 $0 \sim 300$ GPa 压力下，对 TaH_n（$n = 1, 2, 3, 4, 6$）进行了结构搜索。随后利用下面公式计算了 Ta – H 化合物相对于金属钽和固态氢的形成焓：

$$\Delta H = \left[H(Ta_xH_y) - xH(Ta) - yH(H) \right] / (x + y)$$

式中，H 代表化合物的绝对焓值。

随后可以利用计算出的形成焓构建钽氢体系的热力学凸包图，如图 4 – 4 所示。落在凸包线上的结构是热力学稳定的，而不落在凸包线上的结构则是亚稳的或者是不稳定的。在 250 GPa 和 300 GPa 的压力下，热力学亚稳的 TaH_6 接近于落在凸包线上，较难分辨其是否落在凸包线上。所以可以通过放大图来对 TaH_6 的热力学稳定性进行更清晰的判断，如图 4 – 5 和图 4 – 6 所示。图中，横坐标 H_{cont} 表示氢原子含量。图 4 – 6 中，粗实线连接的是 TaH_4 和 H_2，细线连接的是 TaH_4 – TaH_6 – H_2。

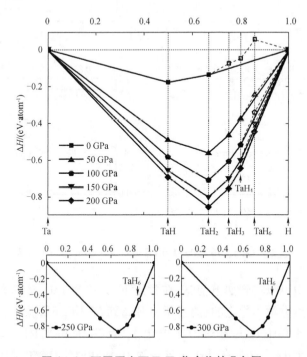

图 4 – 4　不同压力下 TaH_n 化合物的凸包图

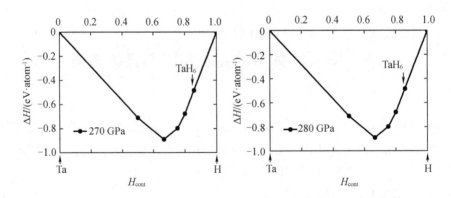

图 4 - 5   在 270 GPa 和 280 GPa 压力下 TaH$_n$ 化合物的凸包图

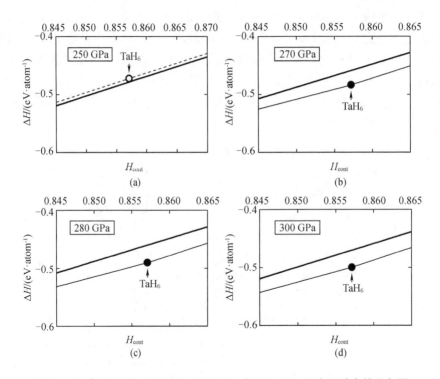

图 4 - 6   在 250 GPa、270 GPa、280 GPa 和 300 GPa 压力下放大的凸包图

从凸包图中可以得到如下信息:在常压下,TaH 和 TaH$_2$ 是热力学稳定的,而其他配比都是热力学不稳定的;而当压力升高到 50 GPa 时,除了 TaH 和 TaH$_2$ 两种配比,TaH$_3$ 和 TaH$_4$ 也变得热力学稳定了,且 TaH$_3$ 和 TaH$_4$ 一直稳定存在到 300 GPa。而对于 TaH$_6$ 这个在低压区分解为 H$_2$ 和其他化合物的配比,在 250 GPa 压力下,接近落在凸包线上。通过对比图 4 - 4、图 4 - 5 和图 4 - 6,可以发现

TaH$_6$在 250 GPa 压力时,其焓值高于 TaH$_4$ 与 H$_2$ 的焓值之和,证明 TaH$_6$ 会分解为 TaH$_4$ 与 H$_2$;当压力高于 270 GPa 时,TaH$_6$ 变为热力学稳定的配比,并且形成空间群为 $Fddd$ 的结构。

图 4－7 中给出了 TaH、TaH$_2$、TaH$_3$、TaH$_4$、TaH$_6$ 不同配比稳定结构的压力区间。从图中可以发现,对于 TaH 配比来说,当压力达到 73 GPa 时,$Cccm$ 相变为 $R-3m$;而对于 TaH$_2$ 配比,当压力低于 95 GPa 时,$P6_3mc$ 是稳定的结构,而在高于 95 GPa 时,其相变为 $Pnma$,这一结构与前人报道的 $Pnma$(VH_2)是同构型的。$Pnma$(TaH_2)每个原胞中含有 12 个原子,其中含有两种不等价的 H。H 和 Ta 均占据了 4c 位置,位置对称性都是 . m .,其晶体空间结构如图 4－8(a)所示。对于 TaH$_3$ 和 TaH$_4$ 两种配比,其稳定的结构是非常丰富的。TaH$_3$ 从 50 GPa 变得热力学稳定开始,会经历 $P2_1/m \rightarrow Fmmm \rightarrow C2/c$ 的相变,相变压力点分别为 70 GPa、170 GPa。而 TaH$_4$ 中的相变则更加丰富,从 50 GPa 开始,会经历 $Amm2 \rightarrow P-6m2 \rightarrow P3m1 \rightarrow R-3m \rightarrow Fddd$ 的相变,相变压力点分别为 65 GPa、100 GPa、175 GPa、270 GPa。$R-3m$(TaH_4)中含有 10 个原子,其中有两种不等价的 Ta 原子和两种不等价的 H 原子。其中的 Ta 原子分别占 1a 和 1b 位置,位置对称性均为 $-3m$;而其中的 H 原子分别占 2c 和 6h 占位,位置对称性分别为 $3m$ 和 . m 。$R-3m$(TaH_4)的空间结构如图 4－8(b)所示。对于 TaH$_6$ 配比,其在高于 270 GPa 压力下才是热力学稳定的。形成的 $Fdd2$ 结构中,原胞中含有 14 个原子,其空间结构如图 4－8(c)所示。表 4－2 中给出了预测的稳定的 Ta－H 化合物的晶格参数和原子占位信息。

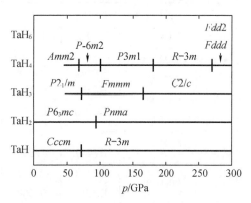

图 4－7　TaH$_n$ 化合物稳定配比结构的压力区间

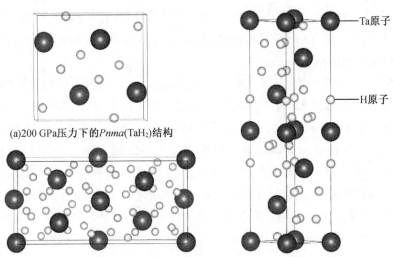

(a)200 GPa压力下的 *Pnma*(TaH₂)结构

(c)300 GPa压力下的 *Fdd*2(TaH₆)结构　　(b)250 GPa压力下的 *R-3m*(TaH₄)结构

图4-8　Ta-H化合物晶体空间结构示意图

表4-2　Ta-H化合物稳定配比的结构信息

相	p/GPa	晶格常数	原子坐标		
Cccm （TaH）	50	$a = 3.238$ Å $b = 4.606$ Å $c = 4.660$ Å $\alpha = \beta = \gamma = 90.000°$	H(4b) Ta(4e)	0.000 -0.250	-0.500 -0.750	-0.750 -0.500
R-3m （TaH）	200	$a = b = c = 2.567$ Å $\alpha = \beta = \gamma = 64.892°$	H(1b) Ta(1a)	0.500 1.000	0.500 0.000	0.500 0.000
P6₃mc （TaH₂）	0.001	$a = b = 3.222$ Å $c = 5.153$ Å $\alpha = \beta = 90.000°$ $\gamma = 120.000°$	H(2a) H(2b) Ta(2b)	0.000 0.333 0.333	0.000 0.667 0.667	0.219 -0.050 3 0.313
P6₃mc （TaH₂）	50	$a = b = 3.042$ Å $c = 4.814$ Å $\alpha = \beta = 90.000°$ $\gamma = 120.000°$	H(2a) H(2b) Ta(2b)	1.000 0.667 0.667	1.000 0.333 0.333	0.311 0.050 0.677

表 4 – 2(续1)

相	p/GPa	晶格常数	原子坐标			
Pnma (TaH$_2$)	200	$a = 4.506$ Å $b = 2.729$ Å $c = 4.798$ Å $\alpha = \beta = \gamma = 90.000°$	H(4c) H(4c) Ta(4c)	0.113 0.515 0.234	0.750 0.750 0.750	0.574 0.273 0.912
P2$_1$/m (TaH$_3$)	50	$a = 4.719$ Å $b = 3.049$ Å $c = 3.188$ Å $\alpha = \gamma = 90.000°$ $\beta = 74.742°$	H(2e) H(2e) H(2e) Ta(2e)	0.107 0.323 0.108 0.708	0.250 0.250 0.750 0.250	0.610 0.966 0.903 0.662
Fmmm (TaH$_3$)	100	$a = 8.328$ Å $b = 5.956$ Å $c = 6.111$ Å $\alpha = \beta = \gamma = 90.000°$	H(8h) H(16l) H(16n) H(8g) Ta(8e) Ta(8i)	−0.500 0.874 −0.799 −0.388 −0.250 −0.500	0.181 0.750 0.500 0.500 0.250 0.500	0.500 0.750 0.352 0.500 0.000 0.240
C2/c (TaH$_3$)	200	$a = 8.945$ Å $b = 4.054$ Å $c = 8.970$ Å $\alpha = \gamma = 90.000°$ $\beta = 143.069°$	H(8f) H(8f) H(8f) H(8f) H(4e) Ta(8f) Ta(4c)	0.320 0.656 0.150 0.571 0.500 0.585 0.250	−0.004 0.155 −0.001 0.200 0.495 0.237 −0.250	0.905 0.906 0.071 0.183 0.750 0.667 0.500
Amm2 (TaH$_4$)	50	$a = 3.036$ Å $b = 8.090$ Å $c = 6.034$ Å $\alpha = \beta = \gamma = 90.000°$	H(2a) H(4d) H(4d) H(4d) H(4e) H(2b) H(2b) H(2b) Ta(4e) Ta(2a)	0.000 1.000 0.000 0.000 0.500 0.500 0.500 0.500 0.500 0.000	0.000 0.196 0.331 0.112 0.146 0.000 0.000 0.000 0.192 0.000	0.231 0.794 0.641 0.471 0.311 0.436 0.765 0.115 0.600 0.947

表 4 - 2（续 2）

相	p/GPa	晶格常数	原子坐标			
P - 6m2 （TaH$_4$）	100	$a = b = 3.180$ Å $c = 4.801$ Å $\alpha = \beta = 90.000°$ $\gamma = 120.000°$	H(6n) H(1d) H(1f) Ta(1c) Ta(1b)	0.355 0.333 0.667 0.333 0.000	0.178 0.667 0.333 0.667 0.000	0.815 0.500 0.500 0.000 0.500
P3m1 （TaH$_4$）	150	$a = b = 3.096$ Å $c = 4.656$ Å $\alpha = \beta = 90.000°$ $\gamma = 120.000°$	H(1c) H(1b) H(3d) H(3d) Ta(1c) Ta(1a)	0.667 0.667 0.180 0.639 0.667 0.000	0.333 0.333 0.359 0.820 0.333 - 0.000	0.824 0.368 0.553 0.182 0.368 0.869
R - 3m （TaH$_4$）	250	$a = b = c = 4.837$ Å $\alpha = \beta = \gamma = 35.467°$	H(6h) H(2c) Ta(1b) Ta(1a)	0.082 0.355 0.500 0.000	0.082 0.355 0.500 0.000	0.527 0.355 0.500 0.000
Fddd （TaH$_4$）	300	$a = 9.465$ Å $b = 2.812$ Å $c = 4.737$ Å $\alpha = \beta = \gamma = 90.000°$	H(32h) Ta(8a)	0.579 0.000	0.508 0.000	0.334 0.000
Fdd2 （TaH$_6$）	300	$a = 8.747$ Å $b = 4.137$ Å $c = 4.127$ Å $\alpha = \beta = \gamma = 90.000°$	H(16b) H(16b) H(16b) Ta(8a)	- 0.308 - 0.435 - 0.157 - 0.750	0.360 0.882 0.056 0.750	- 0.478 - 0.505 - 0.171 - 0.860

4.4　Ta - H 体系的力学及动力学稳定性

力学和动力学稳定性是判定结构稳定与否的重要判据。通过计算 Pnma（TaH$_2$）、R - 3m（TaH$_4$）和 Fdd2（TaH$_6$）三种结构的弹性常数，来验证它们是否满足力学稳定性条件，见表 4 - 3。通过计算发现，弹性常数 C_{ij} 满足 Born - Huang

稳定性判据,三种结构都是力学稳定的。随后计算了三种结构分别在 200 GPa、250 GPa、300 GPa 压力下的声子谱和态密度,如图 4‑9 所示。分析得知,整个布里渊区并没有虚频振动模式出现,说明上述结构的动力学稳定性。可以看出,低频区(< 10 THz)振动模式主要来源于 Ta 原子的振动;而中高频区的振动($Pnma$ (TaH_2)的 34 ~ 65 THz 频率区间, R ‑ $3m$ (TaH_4)的 24 ~ 75 THz 频率区间, $Fdd2$ (TaH_6)的 15 ~ 71 THz 频率区间)主要来自 H 原子的振动,这主要是由 H 原子的质量比 Ta 原子的质量小造成的。同时,可以发现,三种结构中的振动最高频率分别为 65 THz、75 THz、70 THz,与 H_2 分子单元中振动的频率(100 THz)相比较小。这可能是由其中缺乏 H_2 分子单元导致的。随后对比了分子 H_2 中和 Ta‑H 化合物中的 H—H 原子最近距离,如表 4‑4 所示。显然, H_2 分子中的最近邻 H—H 距离约为 0.75 Å,而在 Ta‑H 化合物中, TaH_2 、 TaH_4 、 TaH_6 的 H—H 最近邻距离分别为 1.73 Å、1.31 Å 和 1.09 Å,大于 H_2 分子最近邻 H—H 原子间距。由此可推得,上面所研究的三个 Ta‑H 化合物中均不存在 H_2 单元。

表 4‑3　$Pnma$ (TaH_2)、R ‑ $3m$ (TaH_4)、$Fdd2$ (TaH_6) 分别在 200 GPa、250 GPa、300 GPa 压力下的弹性常数 C_{ij}　　　　　　　　　　　　　　　　单位:kbar

相	C_{55}	C_{11}	C_{22}	C_{33}	C_{44}
	C_{66}	C_{12}	C_{13}	C_{23}	
$Pnma$ (TaH_2)	9 660	9 537	8 629	1 483	2 478
	2 557	5 019	5 452	5 531	
R ‑ $3m$ (TaH_4)	10 018		11 652	2 597	
	2 113	5 819	5 368		
$Fdd2$ (TaH_6)	11 560	10 471	10 432	2 125	3 777
	3 668	5 383	5 390	6 518	

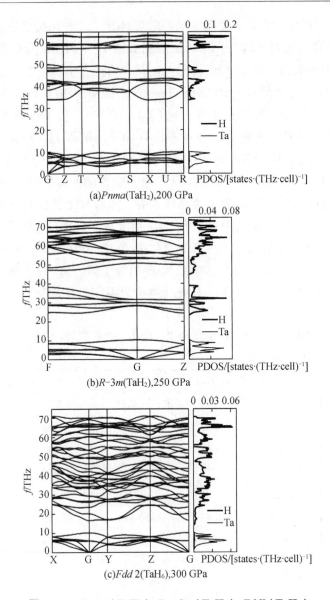

(a)*Pnma*(TaH$_2$),200 GPa

(b)*R−3m*(TaH$_2$),250 GPa

(c)*Fdd* 2(TaH$_6$),300 GPa

图 4 − 9　*Pnma*（TaH$_2$）、*R − 3m*（TaH$_4$）、*Fdd*2（TaH$_6$）
　　　　分别在 200 GPa、300 GPa、300 GPa 压力下的
　　　　声子谱和态密度

表 4 - 4　$Pnma$（TaH$_2$）、$R - 3m$（TaH$_4$）、$Fdd2$（TaH$_6$）分别在 200 GPa、250 GPa、300 GPa 下与 H$_2$ 分子中最近邻 H—H 距离对比

p/GPa	Ta—H 化合物中最近邻 H—H 距离/Å	H$_2$ 分子中最近邻 H—H 距离/Å
200	1.73	0.75
250	1.31	0.75
300	1.09	0.76

4.5　Ta - H 化合物的电子性质

随后计算了 $Pnma$（TaH$_2$）、$R - 3m$（TaH$_4$）和 $Fdd2$（TaH$_6$）三种结构的电子态密度和三维费米面,如图 4 - 10 所示。费米面处有限的电子态密度值和复杂的三维费米面表明了三种化合物的金属性。从图中可以发现,对于 $Pnma$（TaH$_2$）结构,Ta - 5d 对费米面处电子态密度（$N(\varepsilon_F)$）起到了主要贡献作用,而 H - 1s 的贡献几乎为零。而对于 $R - 3m$（TaH$_4$）和 $Fdd2$（TaH$_6$）两种结构,Ta - 5d 和 H - 1s 对 $N(\varepsilon_F)$ 均起到了主要贡献作用。此外,在 $Fdd2$（TaH$_6$）中,Ta - 5d 和 H - 1s 对 $N(\varepsilon_F)$ 的贡献基本相同。随后计算了三种结构的电子局域函数（ELF）,如图 4 - 11 所示。通过 ELF,可以得到材料的成键类型和电子局域的程度。ELF 值为 1 表示电子的完全局域化;ELF 值为 0.5 表示自由电子;ELF 值为 0 表示电子的完全离域。从图 4　11 中可以看出,三种化合物都有自由电子气连通的通道（ELF = 0.5）,证实了它们的导电性。在 $Pnma$（TaH$_2$）和 $Fdd2$（TaH$_6$）中,自由电子气通道环绕着 H 原子,而在 $R - 3m$（TaH$_4$）中,自由电子气通道环绕着 Ta 和 H 两种原子。同时,对于三种结构,邻近的 Ta - H 和 H—H 之间并没有局域化的电子,这说明并不存在共价键。随后对于上述结构进行了 Bader 电荷分析,见表 4 - 5。表中,$\sigma(e)$ 代表从 Ta 转移到 H 的电子数量。显然,电子从 Ta 转移到 H,这说明 Ta - H 之间是成离子键的,这种 H 原子与其他原子成离子键的成键方式与 AlH$_3$ 和 LiH$_n$ 化合物中的成键方式比较类似。同时,Ta - H 化合物中 H—H 之间不形成 H$_2$ 单元,而是呈现离子性。这与其他很多富氢化合物中 H 原子之间的成键方式不同,如 SiH$_4$、GeH$_4$、SnH$_4$、InH$_3$、OsH$_6$、OsH$_8$ 中的 H 原子会形成 H$_2$ 或者 H$_3$

单元,或者与 M (M = Si、Ge、Sn、In、Os)形成 M—H 键。

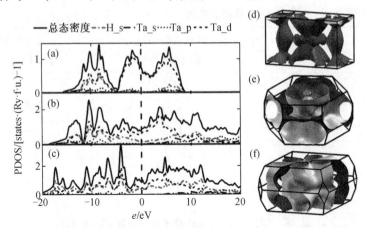

图 4−10 *Pnma*（TaH$_2$）（a, d）、*R* − 3*m*（TaH$_4$）（b, e）和 *Fdd*2（TaH$_6$）（c, f）分别在 200 GPa、250 GPa 和 300 GPa 压力下的分立电子态密度和三维费米面

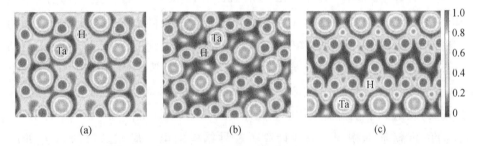

图 4−11 *Pnma*（TaH$_2$）（a）、*R* − 3*m*（TaH$_4$）（b）和 *Fdd*2（TaH$_6$）（c）分别在 200 GPa、250 GPa 和 300 GPa 压力下的二维电子局域函数图

表 4−5 通过 Bader 电荷分析得到的 *Pnma*（TaH$_2$）、*R* − 3*m*（TaH$_4$）、*Fdd*2（TaH$_6$）分别在 200 GPa、250 GPa、300 GPa 压力下,H 和 Ta 原子剩余的价电子数,以及从 Ta 原子转移到 H 原子的电子数量

相	原子	价电子数	$\sigma(e)$
Pnma（TaH$_2$）	H1	1.483 7	−0.483 7
	H2	1.472 7	−0.472 7
	H3	1.483 8	−0.483 8
	H4	1.472 7	−0.472 7
	H5	1.483 8	−0.483 8

表 4 - 5(续)

相	原子	价电子数	$\sigma(e)$
Pnma（TaH₂）	H6	1.472 7	- 0.472 7
	H7	1.483 7	- 0.483 7
	H8	1.472 7	- 0.472 7
	Ta1	12.043 4	0.956 6
	Ta2	12.043 8	0.956 2
	Ta3	12.043 8	0.956 2
	Ta4	12.043 4	0.956 6
R - 3m（TaH₄）	H1	1.334 2	- 0.334 2
	H2	1.343 9	- 0.343 9
	H3	1.338 2	- 0.338 2
	H4	1.334 2	- 0.334 2
	H5	1.343 4	- 0.343 4
	H6	1.338 5	- 0.338 5
	H7	1.411 3	- 0.411 3
	H8	1.411 3	- 0.411 3
	Ta1	11.540 3	1.459 7
	Ta2	11.604 7	1.395 3
Fdd2（TaH₆）	H1	1.263 2	- 0.263 2
	H2	1.207 7	- 0.207 7
	H3	1.193 4	- 0.193 4
	H4	1.207 6	- 0.207 6
	H5	1.184 6	- 0.184 6
	H6	1.122 1	- 0.122 1
	H7	1.219 7	- 0.219 7
	H8	1.172 6	- 0.172 6
	H9	1.128 2	- 0.128 2
	H10	1.269 3	- 0.269 3
	H11	1.218 9	- 0.218 9
	H12	1.252 3	- 0.252 3
	Ta1	11.794 2	1.205 8
	Ta2	11.766 2	1.233 8

4.6 Ta – H 化合物的超导电性分析

为了探究 $Pnma$ (TaH_2)、$R-3m$ (TaH_4) 和 $Fdd2$ (TaH_6) 的超导电性,计算了三种化合物的电声耦合(EPC)常数 λ、声子频率算术平均值 ω_{log} 以及 Eliashberg 声子谱函数 $\alpha^2 F(\omega)$。经计算得到它们的 λ 值分别为 0.57 (TaH_2, 200 GPa)、0.71 (TaH_4, 250 GPa)、1.56 (TaH_6, 300 GPa)。计算得到的 $\alpha^2 F(\omega)$ 以及积分 $\lambda(\omega)$ 如图 4-12 所示。可以看出,$Fdd2$ (TaH_6) 的电声耦合作用已经相当强。同时,根据图 4-9 中的声子谱,可以将晶格振动对 λ 的贡献分成几个部分。在 $Pnma$ (TaH_2)、$R-3m$ (TaH_4)、$Fdd2$ (TaH_6) 中,Ta 对应的声子振动模式对 λ 的贡献分别为 $0.46, 0.29, 0.38$,粗略地看,都接近于 0.4,与化合物中 H 的组分含量变化无关。而对于与 H 对应的声子振动模式,其对于 λ 的贡献分别为 $0.11, 0.42, 1.18$。很显然,对于本章讨论的三种化合物,H 对应的声子振动模式对 λ 的贡献随着 H 含量的增加而增加。随后探究了三种化合物中 H 和 Ta 元素的分立电子态密度。对于 H 元素,单位体积内的费米面处电子态密度分别为 4×10^{-5} states $\cdot$ ($Ry \cdot bohr^{-3}$)、7×10^{-4} states $\cdot$ ($Ry \cdot bohr^{-3}$)、1.78×10^{-3} states $\cdot$ ($Ry \cdot bohr^{-3}$),呈现出随着 H 含量增加而上升的趋势;对于 Ta 元素,单位体积内的费米面处电子态密度分别为 1.8×10^{-3} states $\cdot$ ($Ry \cdot bohr^{-3}$)$^{-1}$、3×10^{-3} states $\cdot$ ($Ry \cdot bohr^{-3}$)$^{-1}$、2×10^{-3} states $\cdot$ ($Ry \cdot bohr^{-3}$)$^{-1}$,基本为常数,不随 Ta – H 化合物组分变化而变化。所以,在本章讨论的 $Pnma$ (TaH_2)、$R-3m$ (TaH_4) 和 $Fdd2$ (TaH_6) 中,λ 的变化趋势与单位体积内 H 元素分立电子态密度呈现相同的趋势。

随后,对上述三种化合物进行了超导转变温度的计算,此处利用了 McMillan 强耦合理论修正的 Allen – Dynes 方程:

$$T_c = \frac{\omega_{log}}{1.2} \exp\left[-\frac{1.04(1+\lambda)}{\lambda - \mu^*(1+0.62\lambda)} \right]$$

三种化合物的声子频率算术平均 ω_{log} 分别为 409 K、866 K 和 1151 K,对于屏蔽库仑赝势 μ^*,一般材料选择为 0.1,但是在富氢化合物中 Ascroft 建议选取为 0.13。本次计算中,分别选取了 0.1 和 0.13 进行了超导转变温度(T_c)的计算。计算得到 $Pnma$ (TaH_2)、$R-3m$ (TaH_4) 和 $Fdd2$ (TaH_6) 在 200 GPa、250 GPa、300 GPa压力下的 T_c 分别为 $5.4 \sim 7.1$ K、$23.9 \sim 31$ K、$124.2 \sim 135.8$ K。三种化

合物的 λ、$\omega_{\log}$、T_c 见表 4－6。值得注意的是,$Fdd2(\text{TaH}_6)$ 中 T_c 的达到了一个相对很高的数值(达到了 10^2 数量级)。相比于 $Pnma$ (TaH_2) 和 $R－3m(\text{TaH}_4)$,$Fdd2(\text{TaH}_6)$ 中 T_c 相对较高的主要原因是其中很强的电声耦合作用($\lambda = 1.56$)以及较大的 $\omega_{\log}$。随后在不同压力下进行了 $Fdd2$ (TaH_6) 的电声耦合作用的计算,发现其 T_c 随着压力降低而逐渐升高,在 270 GPa 时,其 T_c 可达 131.8 ~ 142.7 K。该研究结果对后续的高压下关于 Ta－H 化合物的结构和超导电性的研究有一定的帮助作用。

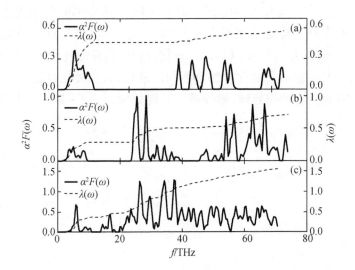

图 4－12　$Pnma$（TaH_2）(a)、$R－3m$（TaH_4)(b) 和 $Fdd2$（TaH_6)(c) 分别在 200 GPa、250 GPa 和 300 GPa 压力下 Eliashberg 声子谱函数 $\alpha^2 F(\omega)$ 及其积分 $\lambda(\omega)$

表 4－6　$Pnma$（TaH_2)、$R－3m$（TaH_4)、$Fdd2$（TaH_6) 在不同压力下的相关数值

相	p/GPa	$\omega_{\log}/\text{K}$	λ	T_c/K
$Pnma$（TaH_2)	200	409	0.57	5.4 ~ 7.1
$R－3m(\text{TaH}_4)$	250	866	0.71	23.9 ~ 31
$Fdd2$（TaH_6)	270	1106	1.73	131.8 ~ 142.7
$Fdd2$（TaH_6)	280	1121	1.67	129.2 ~ 140.3
$Fdd2$（TaH_6)	300	1151	1.56	124.2 ~ 135.8

4.7　本章小结

　　利用从头计算方法首次对压力条件下（0～300 GPa）的钽氢化合物的结构、相图、电子结构、超导电性进行了研究。TaH 和 TaH$_2$配比在所研究的压力区间内都是热力学稳定的。TaH$_3$和 TaH$_4$在高于 50 GPa 的压力范围内才变得热力学稳定，而 TaH$_6$的热力学稳定范围是 270～300 GPa。电子性质的计算表明，$Pnma$（TaH$_2$）、$R-3m$（TaH$_4$）、$Fdd2$（TaH$_6$）三种化合物均具有强离子性以及金属性，这种强离子性与其他很多富氢化合物都不同。最后，对三种化合物的电声耦合计算表明它们都是潜在的超导体，超导转变温度分别为 5.4～7.1 K、23.9～31 K、124.2～135.8 K。

第 5 章　高压下 V－H 化合物的
电子结构和超导电性

5.1　引　　言

众所周知,压力可以减小原子间的距离,改变原子和化学键的性质,进而会对很多物理和化学性质产生很大的影响。压力也可以作为合成许多拥有不同寻常的化学计量学和晶体结构的新材料的一种有效手段。氢化物由于其可能具有的优良性质而被人们广泛研究。例如,高压下的硫氢化合物被发现具有超过 200 K 超导转变温度,$(H_2)_4CH_4$ 中的储氢含量可达 33.4%,被认为是潜在的储氢材料。

近些年来,过渡金属氢化物也被人们进行了广泛的研究。在常压下,许多过渡金属元素能够与氢发生反应而形成对应的氢化物。然而,很多铂系金属(包括 Pt、Pd、Os、Ir、Ru 和 Rh) 常压下不能与氢反应形成氢化物,但是也有例外,比如 Pd。高压能有效地控制元素的化学反应,从而使氢与过渡金属之间的反应变得可行。之前的研究表明,在压力的作用下,氢可以与 Rh、Ir、Pt 等金属反应生成相应的氢化物。此外,具有 163.7 g H_2/L 的理论氢含量的 RhH_2,被认为是一种良好的储氢化合物。

对于第ⅢB、ⅣB、ⅤB 族的元素,它们在常压下可以与 H 反应,如 ScH_2/ScH_3、YH_2/YH_3、TiH_2、ZrH_2、HfH_2、VH_2、NbH_2。而且随着压力的增加,它们中的一些金属氢化物会具有优良的性质。最近关于 ZrH_2 的实验提供了一种新的利用非静水压压缩或剪切应力寻找具有高的含氢量的金属氢化物。而对于第ⅤB 族的元素,Nb－H 化合物和 Ta－H 化合物被进行了广泛的研究。Gao 等人指出,NbH_4 和 NbH_6 可以在相对较低的压力下合成,而且 NbH_4 在高压下可能是超导体,其超导转变温度在 300 GPa 的压力下大约为 38 K。根据上一章的理论研究,TaH_6 被预测是一个可能的高温超导体,其超导转变温度在高压下可达 136 K。对于 V－H 化合物,VH_2 这种配比在高压下的结构已经被前人研究,但是其超导转变温度很低。而其他配比的 V – H 化合物在高压下并没有人进行研究。基于此，我们在高压下对富氢的 V – H 化合物中的结构、超导电性等方面进行了研究。

本章中，利用演化的局域随机结构搜索方法结合第一性原理计算方法对 V – H 化合物在 10 ~ 250 GPa 压力下进行了系统的研究。VH、VH_2、VH_3、VH_5 等四种配比被发现在高压下是稳定存在的。而且，VH_2 的结构和相序都与之前的报道相一致。此外，对于 $R – 3m(VH)$、$Fm – 3m(VH_3)$、$P6/mmm$ (VH_5) 三种结构的动力学稳定性、电子结构以及超导电性进行了系统的分析。在 125 ~ 250 GPa 压力下，$P6/mmm(VH_5)$ 的超导转变温度的数值是 35.4 ~ 22.2 K，而且具有随着压力增加而降低的趋势。随后对其中的超导机制进行了探索。

5.2　计　算　细　节

通过使用 ELocR 结构搜索方法对不同配比的 VH_n ($n = 1 ~ 6$) 化合物，在 10 GPa、50 GPa、100 GPa、150 GPa、200 GPa、250 GPa 几个压力点下进行了结构预测。随后利用 VASP 第一性原理计算软件包进行了结构弛豫、电子局域函数等方面的计算。交换关联泛函采用的是梯度校正（GGA）下的 Perdew – Burke – Ernzerhof（PBE）方法。对于 H 和 V，分别选取了 VASP 赝势库中的普通 PAW 赝势和"GW"赝势，截断半径分别是 1.1 a.u. 和 2.1 a.u.，价电子数分别采用了 1s 和 3s3p4s3d，价电子数目分别为 1 和 13。布里渊区中 K 网格的精度选取为 $2\pi \times 0.03$ Å^{-1}，截断能设置为 500 eV。电荷转移的分析利用的是 Bader 电荷分析方法。稳定化合物的电子态密度、三维费米面、声子色散曲线和电声耦合作用的计算是通过线性响应理论结合 QUANTUM – ESPRESSO 软件包来实现的。相关计算选用了 Vanderbilt – type 类型的超软赝势，截断能设置为 80 Ry。对于 $R – 3m$ （VH）、$Fm – 3m$ （VH_3）、$P6/mmm$（VH_5），第一布里渊区内的 q 点网格分别选取为 $4 \times 4 \times 4$，$4 \times 4 \times 4$，$5 \times 5 \times 3$。

5.3　V–H 体系的高压相图与晶体结构

　　首先,在 10～250 GPa 压力下每隔 50 GPa 对 $VH_n(n=1～6)$ 的稳定结构进行了搜索,并利用下面的公式计算了 V–H 化合物相对于固态氢和金属钒的形成焓:

$$\Delta H = \left[H(V_x H_y) - xH(V) - yH(H) \right] / (x+y)$$

式中,H 代表化合物的绝对焓值。

　　通过形成焓的计算结果,可以绘制出 V–H 不同配比化合物的热力学凸包图,如图 5–1(a)(b)(c) 和图 5–2 所示。

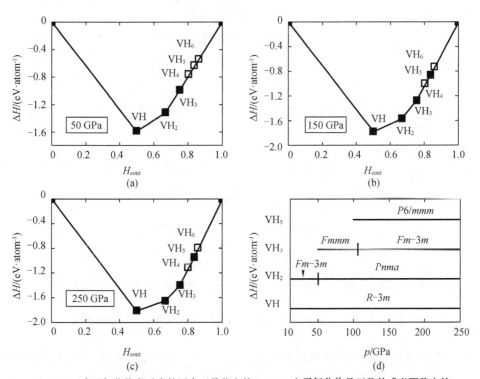

　　——■— 表示氢化物在对应的压力下是稳定的;　—□— 表示氢化物是亚稳的或者不稳定的。

图 5–1　V–H 体系在 50 GPa、150 GPa、250 GPa 压力下的凸包图,以及 VH_n 化合物稳定配比结构的压力区间

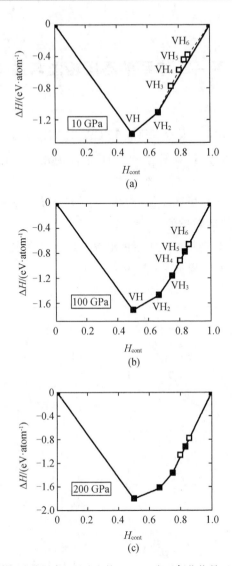

—■— 表示氢化物在对应的压力下是稳定的；—□— 表示氢化物是亚稳的或者不稳定的。

图 5 - 2　V - H 体系在 10 GPa、100 GPa、200 GPa 压力下的凸包图

　　落在凸包线上的结构是热力学稳定的，原则上在实验中是可以被合成的；而不在凸包线上的结构则是亚稳的或者是不稳定的。从图中可以看出，10 GPa 压力下的凸包图中，热力学稳定的相可以被清晰地辨认；而其他压力下的凸包图上的热力学亚稳（或非稳）的结构距离凸包线比较近，较难分辨。所以又绘制了 50 GPa 压力下的凸包图的放大图，以及 VH_4、VH_5、VH_6 三种配比相对于邻近配比的焓差曲线图,如图 5 - 3 所示。

通过凸包图和相应的放大图可以看出,在 10 GPa 时,VH 和 VH_2 这两种配比是热力学稳定的;当压力上升到 50 GPa 时,凸包线上出现了一个新的配比 VH_3,说明 VH_3 在此压力下是热力学稳定的;在高于 100 GPa 的压力范围内,VH_4 和 VH_6 仍然不能落在凸包线上,它们分别分解为 $VH_3 + VH_5$ 和 $VH_5 + H_2$。其他四种配比($VH、VH_2、VH_3、VH_5$)落在了凸包线上,它们相对于图中已知的任何分解路径都是稳定的化学配比。根据上面的计算,可以绘制出 V - H 化合物的高压相图,如图 5 - 1(d)所示。图中给出了 $VH、VH_2、VH_3、VH_5$ 这四种配比稳定的压力区间以及对应的相空间结构。VH 配比在所研究的压力区间都是热力学稳定的,且形成空间群为 $R-3m$ 的结构,其晶体结构如图 5 - 4(a)所示。每个原胞中有两个原子,V 和 H 分别占据了 1a 和 1b 位置,它们的位置对称性都是 $-3m$。对于 VH_2 配比,随着压力升高,萤石结构的 $Fm-3m$ 会在 50 GPa 时相变成正交晶系的 $Pnma$ 结构,这个相变与前人理论报道的结果相一致。这两种结构的晶体结构如图 5 - 5 所示。至于 VH_3 配比,原胞中含有 16 个原子的正交晶系的空间群 $Fmmm$ 在 50 ~ 110 GPa 压力下是稳定的,当压力高于 110 GPa 时,$Fm-3m$ 更为稳定。$Fm-3m$(VH_3)的晶体结构如图 5 - 4(b)所示,其晶胞中包含两个不等价的 H 原子,分别占据 4b 和 8c 位置,位置对称性分别为 $m-3m$ 和 $-43m$;而 V 原子占据了 4a 位置,位置对称性为 $m-3m$。对于 VH_5 配比,$P6/mmm$ 结构在高于 100 GPa 压力时都是热力学稳定的。其中 H 原子占据了 4h 和 1a 位置,位置对称性分别为 $3m.$ 和 $6/mmm$。V 原子占据了 1b 位置,位置对称性是 $6/mmm$。$P6/mmm$(VH_5)的晶体结构如图 5 - 4(c)所示。本章中通过结构预测得到的稳定的 V - H 化合物的晶体结构信息见表 5 - 1。

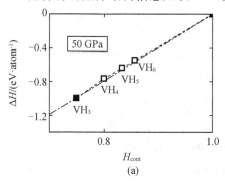

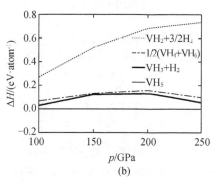

(a) (b)

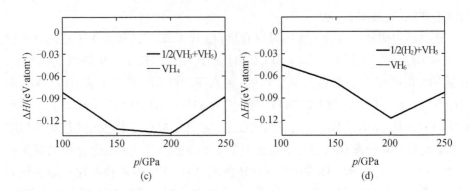

(c)   (d)

图 5 – 3　VH$_n$ 化合物在 **50 GPa** 压力下的凸包图的放大图，以及在 **100 ~ 250 GPa** 压力下 VH$_5$、VH$_4$、VH$_6$ 三种配比相对于邻近配比的焓差曲线图

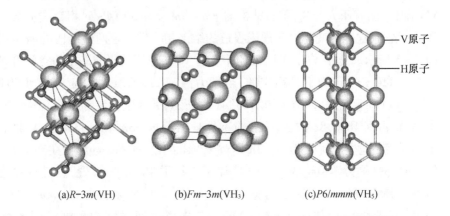

(a)R-3m(VH)　　　(b)Fm-3m(VH$_3$)　　　(c)$P6/mmm$(VH$_5$)

图 5 – 4　R –3m(VH)、Fm –3m(VH$_3$) 和 $P6/mmm$(VH$_5$) 在 **150 GPa** 压力下的晶体结构示意图

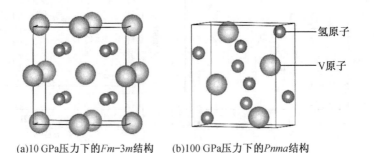

(a)10 GPa压力下的Fm-3m结构　　(b)100 GPa压力下的$Pnma$结构

图 5 – 5　VH$_2$ 配比的晶体结构示意图

表 5 - 1　V - H 化合物中稳定相的详细晶体结构信息

相	p/GPa	晶格常数	原子坐标			
$R - 3m$ （VH）	150	$a = b = c = 2.375$ Å	H(1b)	- 0.500	- 0.500	- 0.500
		$\alpha = \beta = \gamma = 65.81°$	V(1a)	- 1.000	0	- 1.000
$Fmmm$ （VH$_3$）	100	$a = 7.373$ Å	H(16l)	- 0.874	- 0.750	0.750
		$b = 5.518$ Å	H(8h)	- 0.500	- 0.321	0.500
		$c = 5.692$ Å	H(8g)	- 0.888	- 0.500	0.500
			H(16n)	- 0.699	- 0.500	0.647
		$\alpha = \beta = \gamma = 90.00°$	V(8e)	- 0.250	- 0.250	0.000
			V(8i)	- 0.500	- 0.500	0.739
$Fm - 3m$ （VH$_3$）	150	$a = b = c = 3.800$ Å	H(4b)	- 0.500	- 0.500	- 0.500
			H(8c)	- 0.250	- 0.250	- 0.250
		$\alpha = \beta = \gamma = 90.00°$	V(4a)	0	0	0
$P6/mmm$ （VH$_5$）	150	$a = b = 2.516$ Å	H(4h)	0.333	0.667	0.220
		$c = 3.217$ Å	H(1a)	0	0	0
		$\alpha = \beta = 90.00°$	V(1b)	0	0	0.500
		$\gamma = 120.00°$				

5.4　V - H 化合物的动力学稳定性

　　计算晶体的声子谱是很有必要的,因为通过声子谱我们可以得到晶体的动力学稳定性等信息。计算得到了 $R - 3m$(VH)、$Fm - 3m$（VH$_3$）、$P6/mmm$（VH$_5$）三种结构的声子谱以及声子态密度(PHDOS),如图 5 - 6 所示。显然,对于三种结构,布里渊区并没有虚频振动模式出现,说明结构具有动力学稳定性。同时,通过 PHDOS 也可以看出,声子振动频率明显地分为两个区间。较高频率部分的振动模式与 H 原子有关,而能量较低的振动模式与 V 原子有关,这是由于 H 的原子质量比 V 的原子质量低。此外,$R - 3m$(VH)、$Fm - 3m$（VH$_3$）、$P6/mmm$（VH$_5$）中声子振动频率的最大值分别是 52 THz、60 THz、80 THz,与 H$_2$ 分子中的伸缩振动模式的频率（100 THz ）相比较低。这可能是由于上述 V - H 氢化物中缺少 H$_2$ 分子单元造成的。随后对比了 H$_2$ 分子中和 V - H 化合物中最近邻 H—H 距离,见表 5 - 2。显然,在 150 ~ 250

GPa 的压力区间内，H_2 分子中的最近邻 H—H 距离对压力的依赖关系很小，约为 0.75 Å；而对于 V–H 化合物，H—H 之间最近邻距离会随着压力增加而明显减小，在 150 GPa 压力下，VH、VH_3、VH_5 中最近邻 H—H 距离分别为 2.36 Å、1.63 Å、1.41 Å，当压力升高到 250 GPa 时，VH、VH_3、VH_5 中最近邻 H—H 距离分别变为 2.26 Å、1.57 Å、1.29 Å。由此可见，V–H 中最近邻 H—H 距离远大于 H_2 分子中最近邻 H—H 距离。所以，本章中所研究的 V–H 化合物中不存在 H_2 分子单元。

表 5−2　H_2 分子中和 V–H 化合物中最近邻 H—H 距离对比

相	p/GPa	V–H 化合物中最近邻 H—H 距离/Å	H_2 分子中最近邻 H—H 距离/Å
	150	2.36	0.74
$R-3m$(VH)	200	2.30	0.75
	250	2.26	0.75
	150	1.63	0.74
$Fm-3m$ (VH_3)	200	1.60	0.75
	250	1.57	0.75
	150	1.41	0.74
$P6/mmm$ (VH_5)	200	1.34	0.75
	250	1.29	0.75

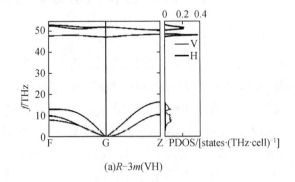

(a)$R-3m$(VH)

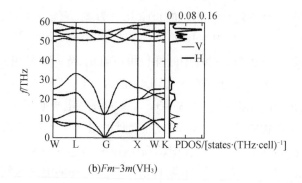

(b)$Fm-3m(VH_3)$

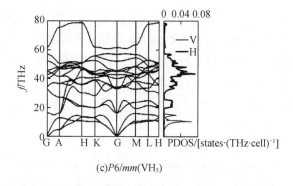

(c)$P6/mm(VH_5)$

图 5-6　$R-3m(VH)$、$Fm-3m(VII_3)$、$P6/mmm$（VH_5）三种结构在 150 GPa
压力下的声子谱及声子态密度

5.5　V-H 化合物的电子性质

通过计算得到了上述 V-H 化合物的电子局域函数（ELF），如图 5-7 所示。从图中可以看出，三种氢化物均有自由电子气通道环绕着 H 原子，这说明了三种化合物均具有金属性。同时，在三种结构中，邻近的 V-H 和 H—H 之间并没有局域化的电子，说明了其中不存在共价键。随后对上述结构进行了 Bader 电荷分析，见表 5-3。从表中可以看出，三种氢化物中，V 作为电子的主要供体，电子均从 V 转移到 H，说明 V 与 H 原子之间形成了离子键。随后计算了上述结构的电子态密度和三维费米面来探究其电子结构。如图 5-8 所示，费米面处有限的电子态密度值和复杂的三维费米面证明了三种化合物的金属性。同时，从电子态密度图中也可以看出，$R-3m(VH)$ 和 $Fm-3m$（VH_3）中 H-1s、V-4s、V-4p 对费米面处电子态密度($N(\varepsilon_F)$)的贡献几乎为零,$N(\varepsilon_F)$主要是由 V–3d 贡献的。在 $P6/mmm$(VH_5)中,H–1s 对 $N(\varepsilon_F)$也会有微小的贡献,$N(\varepsilon_F)$主要也是由 V–3d 贡献的。从图 5–10 中同样也可以看出,V–3d 轨道对 $N(\varepsilon_F)$起到很大的贡献作用。为了探究分裂的 V–3d 轨道(V–d_{z^2}、V–d_{xz}、V–d_{yz}、V–$d_{x^2-y^2}$、V–d_{xy})对 $N(\varepsilon_F)$的贡献,计算了 V–3d 轨道的分立电子态密度,如图 5–9 所示。在上述三种化合物中,V–d_{yz}对 $N(\varepsilon_F)$贡献的最多。同时值得注意的是,在 $Fm-3m$(VH_3)和 $P6/mmm$(VH_5)中,V–d_{xz}和 V–d_{yz},V–$d_{x^2-y^2}$和 V–d_{xy}是两两相重合的,所以在图中只有三条曲线,说明了在所计算的能量区间内,$Fm-3m$(VH_3)和 $P6/mmm$(VH_5)中的 V–d_{xz}和 V–d_{yz},V–$d_{x^2-y^2}$和 V–d_{xy}的贡献是两两相同的。由于 V 的 d 轨道对 V–H 化合物是非常重要的,所以利用晶体场理论分析了 $R-3m(VH)$和 $Fm-3m(VH_2)$这两个相对简单的 V–H 化合物的 V–3d 轨道的劈裂,如图 5–11 所示。对于 $R-3m(VH)$,d 轨道在扭曲的八面体场中分裂为 $d_{x^2-y^2}$、d_{z^2}、d_{xy},以及一个二重简并的能级(d_{yz}、d_{xz})。而对于 $Fm-3m$(VH_2),d 轨道在立方晶体场中分裂为一个二重简并的能级 e($d_{x^2-y^2}$、d_{z^2})和一个三重简并的能级 t2(d_{xy}、d_{xz}、d_{yz})。

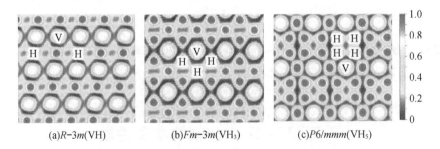

(a)$R-3m$(VH) (b)$Fm-3m$(VH₃) (c)$P6/mmm$(VH₅)

图 5–7 $R-3m$(VH)、$Fm-3m$(VH₃)、$P6/mmm$(VH₅) 在 150 GPa 压力下的电子局域函数图

表 5 – 3　通过 **Bader** 电荷分析得到的 $R – 3m$（VH）、$Fm – 3m$（VH$_3$）、$P6/mmm$（VH$_5$）在 150 GPa压力下，H 原子和 V 原子剩余的价电子数量及从 V 原子转移到 H 原子的电子数量

相	原子	价电子数	σ（e）
$R – 3m$（VH）	V	12.439 3	0.560 7
	H1	1.560 7	– 0.560 7
$Fm – 3m$（VH$_3$）	V	11.852 9	1.147 1
	H1	1.462 9	– 0.462 9
	H2	1.462 3	– 0.462 3
	H3	1.221 2	– 0.221 2
$P6/mmm$（VH$_5$）	V	12.008 6	0.991 4
	H1	1.230 0	– 0.230 0
	H2	1.197 0	– 0.197 0
	H3	1.177 1	– 0.177 1
	H4	1.183 7	– 0.183 7
	H5	1.203 6	– 0.203 6

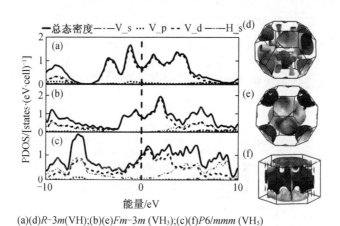

(a)(d)R–$3m$(VH);(b)(e)Fm–$3m$ (VH$_3$);(c)(f)$P6/mmm$ (VH$_5$)

图 5 – 8　在 150 GPa 压力下的 V – H 化合物的分立电子态密度和三维费米面

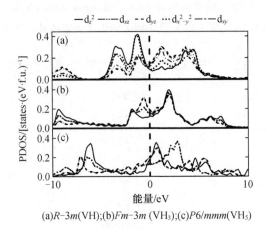

(a)R–$3m$(VH);(b)Fm–$3m$ (VH₃);(c)$P6/mmm$(VH₅)

图 5 – 9   在 150 GPa 压力下，分裂的 V – 3d 轨道(V – d$_{z^2}$、V – d$_{xz}$、V – d$_{yz}$、V – d$_{x^2-y^2}$、V – d$_{xy}$) 电子态密度

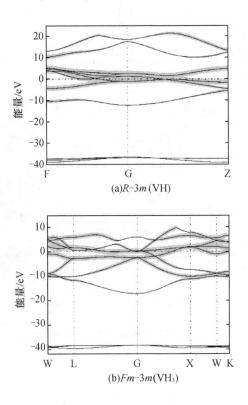

(a)R–$3m$ (VH)

(b)Fm–$3m$(VH₃)

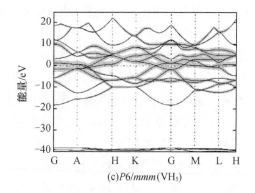

(c)$P6/mmm$(VH$_5$)

图中胖能带表示 V - 3d 电子在能带上的贡献。

图 5 - 10   V - H 化合物在 150 GPa 压力下的能带结构

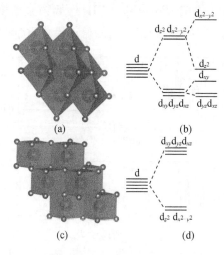

图 5 - 11 $R - 3m$(VH)和 $Fm - 3m$(VH$_2$)分别在 150 GPa 和 50 GPa 压力下的晶体结构
的多面体表示((a)(c)),以及 $R - 3m$(VH)和 $Fm - 3m$(VH$_2$)中 V - 3d 轨道晶
体场分裂的示意图((b)(d))

5.6   V - H 化合物的超导电性与超导机制分析

从图 5 - 8 中的电子态密度可以得到,$R - 3m$(VH)、$Fm - 3m$(VH$_3$)、
$P6/mmm$(VH$_5$)三种化合物的 $N(\varepsilon_F)$ 分别是 0.676 states · (eV · cell)$^{-1}$、
0.844 states · (eV · cell)$^{-1}$、0.998 states · (eV · cell)$^{-1}$,这意味着它们的金属性

都相对较强。随后对上述三种化合物进行了电声耦合的计算来探究它们潜在的超导电性。图 5 – 12 中给出了 150 GPa 压力下,它们的 Eliashberg 声子谱函数 $\alpha^2 F(\omega)$ 及其对频率的积分 $\lambda(\omega)$ 作为频率 ω 的函数曲线。在 150 GPa 压力下,计算得到的 $R – 3m$(VH)、$Fm – 3m$(VH$_3$)、$P6/mmm$(VH$_5$)的电声耦合常数 λ 分别为 0. 526,0. 571,0. 644。这表明它们的电声耦合作用相对较强。与图 5 – 6 中的声子谱和态密度进行比较,可以发现声子振动模式对电声耦合参数 λ 的贡献分成了几个部分。而且随着 H 含量的变化,与 V 原子有关的低频振动模式对 λ 的贡献按照以下顺序减小: $R – 3m$(VH)(97%)$> Fm – 3m$(VH$_3$)(85%)$>$ $P6/mmm$(VH$_5$)(41%)。而与 H 原子有关的振动模式对 λ 的贡献按照以下顺序增加: $R – 3m$(VH)(3%)$< Fm – 3m$(VH$_3$)(15%)$< P6/mmm$(VH$_5$)(59%)。对于 $R – 3m$(VH)和 $Fm – 3m$(VH$_3$),λ 的主要贡献者是与 V 有关的频率比较低的振动模式。而对于 $P6/mmm$(VH$_5$),低频振动模式对 λ 的贡献相对较少,而 λ 主要是受与 H 有关的频率较高的振动模式贡献的。

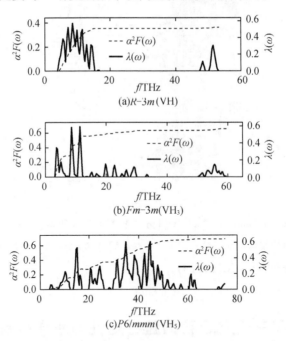

图 5 – 12   在 150 GPa 压力下,$R – 3m$(VH)、$Fm – 3m$(VH$_3$)、$P6/mmm$(VH$_5$) 三种化合物的谱函数 $\alpha^2 F(\omega)$ 及其积分 $\lambda(\omega)$

表 5–4　$R-3m$（VH）、$Fm-3m$（VH$_3$）、$P6/mmm$（VH$_5$）在不同压力下的相关数值

相	p/GPa	$N(\varepsilon_F)$/[states·(spin·eV·cell)$^{-1}$]	$\omega_{\log}$/K	$\langle\omega^2\rangle^{1/2}$/THz	$\langle I^2\rangle$/(eV^2·Å^{-2})	λ	T_c/K
$R-3m$ (VH)	150	0.338	439	78	1.967	0.526	4.1~6.5
	200	0.311	465	87	2.649	0.533	4.6~7.2
	250	0.306	490	99	3.906	0.591	7.4~10.7
$Fm-3m$ (VH$_3$)	150	0.422	409	95	1.707	0.571	5.4~8.0
	200	0.390	567	121	2.090	0.403	1.1~2.5
	250	0.360	621	132	2.467	0.368	0.6~1.6
$P6/mmm$ (VH$_5$)	125	0.528	896	172	5.136	0.739	27.8~35.4
	150	0.499	1088	190	5.830	0.644	22.5~30.6
	175	0.459	1155	198	6.389	0.599	18.5~26.3
	200	0.436	1197	206	7.023	0.578	16.8~24.5
	225	0.415	1231	212	7.673	0.566	15.8~23.4
	250	0.397	1252	218	8.260	0.554	14.7~22.2

　　随后利用 McMillan 强耦合理论修正的 Allen–Dynes 方程对上述化合物进行超导转变温度的计算：

$$T_c = \frac{\omega_{\log}}{1.2}\exp\left[-\frac{1.04(1+\lambda)}{\lambda-\mu^*(1+0.62\lambda)}\right]$$

　　公式中的屏蔽库仑赝势 μ^* 可选取为 0.1~0.13。$R-3m$（VH）、$Fm-3m$（VH$_3$）、$P6/mmm$（VH$_5$）三种化合物在 150 GPa 时的声子频率算术平均 $\omega_{\log}$ 分别为 439 K、409 K、1088 K。代入上面的公式中，可以计算得到它们的超导转变温度（T_c）分别为 4.1~6.5 K、5.4~8.0 K、22.5~30.6 K。三种氢化物的 T_c 均较低，而 $R-3m$（VH）和 $Fm-3m$（VH$_3$）的 T_c 比 $P6/mmm$（VH$_5$）的 T_c 还要低，这可以归因于前两者中的 $\omega_{\log}$ 比较低（根据 Allen–Dynes 方程可以看出，T_c 与 $\omega_{\log}$ 是正相关的）。随后通过计算上述三种化合物在不同压力点的 T_c 来探究压力效应对 T_c 的影响，见表 5–4。我们可以看出，$R-3m$（VH）的 T_c 随着压力增加而有略微提升，而 $Fm-3m$（VH$_3$）和 $P6/mmm$（VH$_5$）的 T_c 随着压力增加却呈现下降的趋势。通过表 5–4 我们可以看出，$Fm-3m$（VH$_3$）和 $P6/mmm$（VH$_5$）的声子频率算术平均 $\omega_{\log}$ 均随着压力的增加而增加，从 Allen–Dynes 方程可以看出，T_c 与 $\omega_{\log}$ 是正相关的；而 λ 却随着压力增加而降低，所以 $Fm-3m$（VH$_3$）和 $P6/mmm$（VH$_5$）的 T_c 随着压力增加而降低的趋势主要是由 λ 降低导致的。

　　随后，利用 McMillan 强耦合理论中所定义的公式来分析 $P6/mmm$（VH$_5$）中

λ 随着压力增加而降低的原因：

$$\lambda = \frac{\eta}{M\langle\omega^2\rangle} = \frac{N(\varepsilon_F)\langle I^2\rangle}{M\langle\omega^2\rangle}$$

式中，M 为原子质量；$N(\varepsilon_F)$ 为费米面处电子态密度（这里单位为 states·(spin·eV·cell)$^{-1}$，与图 5–8 中的单位不同）、$\langle I^2\rangle$ 为费米面处平均电声耦合矩阵元的平方，这个值是通过将表 5–4 中给出的 λ、$N(\varepsilon_F)$、$\langle\omega^2\rangle^{1/2}$ 代入上面的公式中反推求解得到的。将上面公式两边同时取对数，并且减去相应参数在 125 GPa 压力时的值，可以得到下面的等式：

$$\ln\frac{\lambda}{\lambda_{125}} = \ln\frac{N(\varepsilon_F)}{N(\varepsilon_F)_{125}} + \ln\frac{\langle I^2\rangle}{\langle I^2\rangle_{125}} + \ln\frac{\langle\omega^2\rangle_{125}}{\langle\omega^2\rangle}$$

式中的脚标 125 表示对应的参数在 125 GPa 压力下的值。各个参数与 125 GPa 下该参数值的比值的对数随着压力变化的趋势如图 5–13 所示。从图中可以看出，随着压力的升高，$\langle I^2\rangle$ 对 λ 的正贡献增加，而 $N(\varepsilon_F)$ 的降低导致其对 λ 的负贡献显著增加；同时，由于压力的升高，声子振动频率增加，$\langle\omega^2\rangle^{1/2}$ 的负贡献也显著增加，所以最终导致了电声耦合常数 λ 随着压力升高而降低的趋势，进而使 T_c 呈降低的趋势。

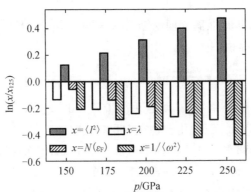

图 5–13　$P6/mmm$（VH_5）中参数 $\langle I^2\rangle$、$N(\varepsilon_F)$、λ、$\langle\omega^2\rangle$ 随着压力变化的趋势

5.7　本 章 小 结

利用局域演化随机结构搜索方法结合第一性原理计算在高压下对 V–H 化合物进行了系统的研究。预测得到四个在高压下稳定的配比（VH、VH_2、VH_3、

VH$_5$）。VH$_2$的结构和相序与前人报道的结果相一致。通过总能计算,提出了几个未曾被报道的 V－H 化合物。VH、VH$_3$、VH$_5$三种配比的结构均具有强离子性,且伴随着从 V 到 H 的电子转移。电子态密度和三维费米面的计算表明,它们具有金属性。随后的电声耦合计算显示它们均为潜在的超导材料,在 150 ～ 250 GPa 压力下,$R-3m$(VH)、$Fm-3m$（VH$_3$）、$P6/mmm$(VH$_5$)的超导转变温度分别为 6.5 ～ 10.7 K、8.0 ～ 1.6 K 和 30.6 ～ 22.2 K。随着压力的增加,$P6/mmm$(VH$_5$)的 λ 和 T_c的降低主要是由降低的 $N(\varepsilon_F)$ 和升高的声子频率导致的。本章中的计算结果对以后的 V－H 化合物的结构研究以及富氢化合物的超导电性研究起到一定的帮助作用。

第6章 高压下 Ti – H 化合物的
电子结构和超导电性

6.1 引 言

氢的原子结构很简单,只有一个电子和一个质子。其作为世界上最轻的元素,近一个世纪以来引起了广泛的关注。在高压下,固态氢被认为具有高的德拜温度和强的电声耦合作用,而这两个条件是声子媒介的高温超导体的必不可少的条件。大量的理论和实验对高压下氢的金属化进行了深入的探索,但是仍然存在着很多争议。最近,I. F. Silvera 课题组的实验结果表明,固态氢会在 495 GPa 的压力下金属化,但是仍然需要更多的实验测量来证实这一结果。由于"化学预压缩"的作用,人们对于高温超导的金属氢的研究已经扩展到了富氢化合物中,而且这些化合物可以在比目前高压技术的上限更低的压力下达到金属化。大量的富氢化合物被进行了深入的研究并且被预测是可能的高温超导体,如 GeH_4、Si_2H_6、KH_6、$SiH_4(H_2)_2$、CaH_6、$(H_2S)_2H_2$ 等。它们的超导转变温度高达 $64 \sim 235$ K。最近 Eremets 课题组在高压下对硫氢化合物的超导电性进行了测量,发现其在 200 GPa 压力下超导转变温度高达 203 K。硫氢化合物中的高温超导电性再次点燃了人们对富氢化合物的研究热情。

在过渡金属氢化物中寻找高温超导体也有很大的意义,其中一些氢化物被预测具有较高的超导转变温度。在 120 GPa 的压力下,YH_6 被预测具有高达 264 K 的超导转变温度;之前章节的理论工作中预测 TaH_6 在高压下可能具有高达 136 K 的超导转变温度;Qian 等人预测,ScH_4 和 ScH_6 分别在 200 GPa 和 130 GPa 压力下,超导转变温度可达 98 K 和 129 K;Liu 等人和 Peng 等人分别预测,一些稀土元素氢化物有可能成为室温超导体。

对于第ⅣB族元素的二元氢化物,Zr – H 和 Hf – H 化合物在高压下的结构和性质被进行了广泛的研究。而对于 Ti – H 化合物,TiH_2 的结构和相变已经在实验上和理论上进行了深入的研究。最近的同步辐射 XRD 实验在室温和高压

下的测量结果表明,CaF$_2$构型(空间群为 $Fm-3m$)的结构会在 0.6 GPa 下相变为
$I4/mmm$ 结构。Gao 等人随后预测了在 63 GPa 的压力下,从 $I4/mmm$ 到 $P4/nmm$
的相变。Shanavas 等人对 TiH$_2$常压下的立方结构和四方结构的电声耦合机制进
行了深入的探讨。然而其他配比的 Ti－H 化合物在高压下鲜有研究。因此在高
压下对 Ti－H 化合物的结构、超导电性等方面进行研究很有必要。

本章中,利用 ELocR 结构预测方法结合第一性原理计算对高压下的 Ti－H
化合物进行了研究。预测出了四个稳定存在的配比,TiH、TiH$_2$、TiH$_3$及 TiH$_6$。其
中,TiH 和 TiH$_2$这两种配比在我们研究的压力范围内都是热力学稳定的。此外,
我们预测的 TiH$_2$的结构和相变与前人报道的结果相一致。在 200 GPa 压力下对
TiH、TiH$_3$和 TiH$_6$的电子结构的计算表明,它们均具有金属性。随后的电声耦合
计算表明,上述 Ti－H 化合物均是可能的超导材料。在 200 GPa 时,TiH、TiH$_3$和
TiH$_6$的超导转变温度分别为 9.7 ~ 11.8 K、1.8 ~ 3.5 K、70.9 ~ 79.3 K。随后对
TiH$_6$中的 T_c 和 λ 均随着压力升高而降低的趋势进行了系统的分析。

6.2   计 算 细 节

利用自主开发的 ElocR 结构搜索方法对 TiH$_n$($n=1$ ~ 6)在 0 ~ 250 GPa 的压
力范围内,每隔 50 GPa 进行结构预测。随后利用 VASP 第一性原理计算软件包
进行了结构弛豫、电子局域函数等方面的计算。交换关联泛函采用的是梯度校
正(GGA)下的 Perdew－Burke－Ernzerhof(PBE)方法。对于 H 和 Ti,分别选取了
VASP 赝势库中的 H_h_GW 和 Ti_sv_GW 赝势,截断半径分别是 0.8 a. u. 和
2.2 a. u.,价电子数分别是 1 和 12。选取了 1000 eV 作为平面波展开的能量截
断,K 点采用了 Monkhorst－Pack 取样方法,倒空间中的最大间隔为(2π × 0.025)
Å^{-1},以确保总能收敛到每个原子 1 meV。电子态密度、动力学性质及电声耦合
作用等计算使用了基于密度泛函微扰理论(linear response)的 QUANTUM－
ESPRESSO 软件包。赝势选用的是 Trouiller－Martins 类型的赝势,平面波截断能
设置为80 Ry,H 和 Ti 的价电子分别为 1s^{1}和 3d^{2}4s^2。在对 $I4/mmm$(TiH)、$Fm-$
$3m$(TiH$_3$)、$Immm$(TiH$_6$)、$C2/m$(TiH$_6$)进行声子和电声耦合计算时,分别采用
了4 × 4 × 4,4 × 4 × 4,3 × 4 × 3,3 × 4 × 3 的 q 网格。在计算零点振动能和准简谐
近似吉布斯自由能时,首先利用 PHONOPY 软件包进行了声子谱和态密度的计
算。然后利用公式

$$E_{ZPE} = \left(\frac{1}{2}\right) \sum_{qv} \hbar \omega_{qv}$$

进行了零点振动能(ZPE)的计算。其中 v 表示了在波矢 q 处的一支声子。而准简谐近似下的吉布斯自由能则是利用 phasego 软件包对声子态密度进行后期处理得到的。

6.3 TiH_2 的压力 – 温度相图

几年前的实验报道指出，TiH_2 在常压下，随着温度的变化会发生相变。TiH_2 在常温常压下是面心立方的 CaF_2 结构(空间群是 $Fm-3m$)，当温度降低到 17 ℃ 以下时，$Fm-3m$ 结构变得不稳定并且会相变成四方晶系的 $I4/mmm$ 结构。受此启发，在准简谐近似条件下，在 0 GPa 附近计算了 $Fm-3m$ 和 $I4/mmm$ 两种结构的有限温度下的吉布斯自由能，随后绘制了 TiH_2 在 0 GPa 附近的压力 – 温度 $(p-T)$ 相图，如图 6 – 1 所示。可以看出，0 GPa 时，我们得到的 $Fm-3m$ 到 $I4/mmm$ 的相变温度为 900 K，虽然与实验上的 17 ℃ (290.15 K) 有一定差距，但是我们得到的结果还是相对合理的。

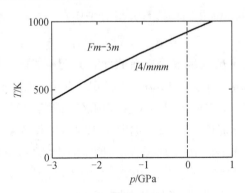

图 6 – 1 TiH_2 在 0 GPa 附近的 $p-T$ 相图

6.4　Ti－H 体系的高压相图与晶体结构

利用 ELocR 算法对 TiH_n（$n = 1 \sim 6$）在 0 GPa、50 GPa、100 GPa、150 GPa、200 GPa、250 GPa 的稳定结构进行了搜索。随后利用 VASP 进行了结构优化和总能计算。对于每种配比，在其相应的压力下，选取了能量最稳定的结构。随后可以根据上面总能计算的结果绘制了钛氢体系的热力学凸包图，如图 6－2 和图 6－3 所示。从几个压力点的凸包图中可以看出，在常压下，Ti－H 体系的凸包图的热力学稳定的相可以很清晰地分辨出，但是其他压力点却难以区分。所以给出了不同的压力区间内 TiH_3 相对于 TiH_2 和 H_2，TiH_6 相对于 TiH_3 和 H_2 的焓差曲线，如图 6－4 所示。

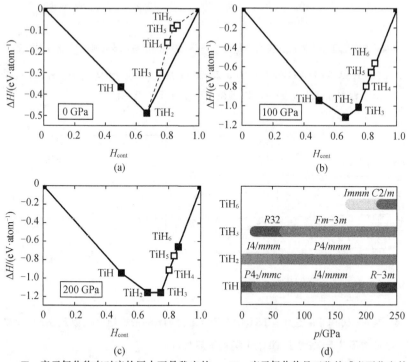

—■— 表示氢化物在对应的压力下是稳定的；—□— 表示氢化物是亚稳的或者不稳定的。

图 6－2　Ti－H 体系在 0 GPa、100 GPa、200 GPa 压力下的凸包图（(a)(b)(c)），以及 TiH_n 化合物稳定配比结构的压力区间(d)

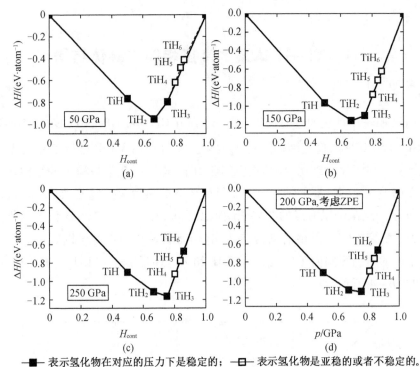

—■— 表示氢化物在对应的压力下是稳定的; —□— 表示氢化物是亚稳的或者不稳定的。

图 6 – 3 **Ti – H 体系在 50 GPa、150 GPa、250 GPa 压力下的凸包图((a)(b)(c)),以及包含了零点能修正的 Ti – H 体系在 200 GPa 下的凸包图**

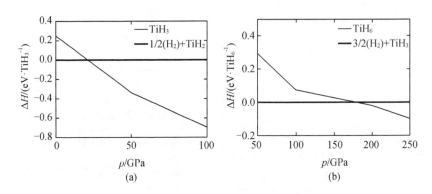

图 6 – 4 **在 0 ~ 100 GPa 压力下 TiH₃ 相对于 TiH₂ 和 H₂ 的形成焓(a),以及在 50 ~ 200 GPa 压力下 TiH₆ 相对于 TiH₃ 和 H₂ 的形成焓(b)**

根据凸包图可以看出,在常压下,相对于分解为单质 H_2 和 Ti,只有 TiH 和 TiH_2 这两种配比是热力学稳定的;当压力升高到 50 GPa 时,有一个新的热力学稳定配比 TiH$_3$ 出现。根据图 6－4(a)，TiH$_3$ 是在 25 GPa 附近变得热力学稳定的。当压力升高到 100 GPa 甚至 150 GPa 时，并没有新的稳定存在的化学配比的出现。直到压力升高到 200 GPa 时，除了 TiH、TiH$_2$、TiH$_3$ 三个稳定的配比，TiH$_6$ 也落在了凸包线上，也成为抵抗任何形式分解的稳定配比。根据图 6－4(b)，TiH$_6$ 在 175 GPa 变为稳定的配比。在一般情况下，化合物的稳定趋势不会被零点振动能 (ZPE) 修正影响，而且计算零点振动能需要对声子态密度进行积分，计算量较大，所以在计算总能时一般不会加入 ZPE 修正。但是当体系中含有质量较轻的元素时，零点振动能就有可能对总能造成一定的影响。为了确保计算结果的准确性，检测了 Ti－H 体系中 ZPE 修正对化合物稳定趋势的影响。利用 PHONOPY 软件包计算了 TiH$_n$ (n = 1 ～ 6)、H$_2$、Ti 在 200 GPa 压力下的零点振动能，对 200 GPa 的凸包图进行了修正，如图 6－3(d) 所示。可以看出，加入零点能修正后，TiH、TiH$_2$、TiH$_3$、TiH$_6$ 仍然位于凸包线上，这几种配比的稳定性不受到影响。因此，本章计算中不加入 ZPE 修正给出的结果也是合理的。

图 6－2(d) 中给出了 TiH、TiH$_2$、TiH$_3$、TiH$_6$ 这四种配比的稳定的压力区间以及对应的相空间结构。TiH 在本章所研究的压力区间内都是热力学稳定的，其在常压下的空间群为 $P4_2/mmc$，当压力升高到 25 GPa 时，其相变为 $I4/mmm$ 结构。$I4/mmm$ 结构的惯用晶胞如图 6－5(a) 所示。其中，Ti 原子和 H 原子分别占据了 2a 和 2b 位置，位置对称性均为 $4/mmm$。当压力升高到 225 GPa 时，相变为 $R－3m$ 结构。对于 TiH$_2$ 配比，其在 0 GPa 压力下为 $I4/mmm$ 结构，随着压力增加，在 70 GPa 左右会相变为能量更为稳定的 $P4/nmm$ 结构。$I4/mmm$ (TiH$_2$) 和 $P4/nmm$ (TiH$_2$) 的结构如图 6－6 所示。本章中所预测的 TiH$_2$ 的结构和相变与前人报道的结果一致。当 Ti 与 H 的配比达到 1:3 时，其在 25 ～ 70 GPa 的压力范围内是菱方的 $R32$ 结构，在高于 70 GPa 压力时，其相变为能量更低的面心立方 $Fm－3m$ 结构。对于本次研究中含氢量最高的配比 TiH$_6$，其在 175 GPa 压力时开始变得热力学稳定，并且形成了 $Immm$ 结构。其中 Ti 占据了 4g 占位，位置对称性为 $m2m$。而对于 H 原子，两个氢原子占据了 8n 占位，另外两个不等价氢原子分别占据了 4e 和 4f 占位，位置对称性分别为 $..m$、$2mm$、$2mm$。当压力升高到 225 GPa 时，$Immm$ 结构中在 (001) 平面内的某些原子被压出了平面，$Immm$ 结构相变为 $C2/m$。$Immm$ 和 $C2/m$ 两种结构的对比如图 6－9 所示。本章中预测的稳定的 Ti－H 化合物的详细晶体结构信息见表 6－1。

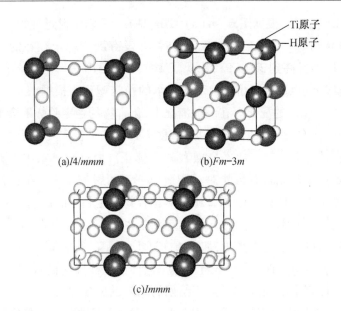

(a)*I4/mmm* (b)*Fm-3m*

(c)*Immm*

图 6 – 5 *I4/mmm*（TiH）、*Fm – 3m*（TiH₃）和 *Immm*（TiH₆）的晶体结构示意图

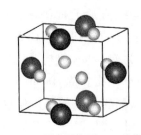 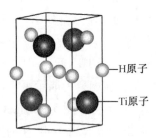

(a)50 GPa压力下的*I4/mmm*结构 (b)200 GPa压力下的*P4/mmm*结构

图 6 – 6 TiH₂ 的稳定结构示意图

表 6 – 1 Ti – H 化合物中稳定相的详细晶体结构信息

相	p/GPa	晶格常数	原子坐标		
$P4_2/mmc$ （TiH）	0	$a = b = 2.955$ Å $c = 4.579$ Å $\alpha = \beta = \gamma = 90.00°$	H(2e) Ti(2d)	0 0.500	1.000 0	0.250 1.000

表 6 - 1(续)

相	p/GPa	晶格常数	原子坐标			
$I4/mmm$ (TiH)	200	$a = b = 2.551\ \text{Å}$ $c = 3.285\ \text{Å}$ $\alpha = \beta = \gamma = 90.00°$	H(2b) Ti(2a)	-1.000 -1.000	0 0	0.500 0
$R-3m$ (TiH)	250	$a = b = 2.579\ \text{Å}$ $c = 5.085\ \text{Å}$ $\alpha = \beta = 90.00°$ $\gamma = 120.00°$	H(3a) Ti(3b)	0 0	0 0	0 0.500
$R32$ (TiH$_3$)	50	$a = b = c = 5.859\ \text{Å}$ $\alpha = \beta = \gamma = 51.52°$	H(6f) H(6f) H(2c) H(2c) H(1a) H(1b) Ti(3e) Ti(3d)	0.032 0.428 0.638 0.198 0 0.500 0.163 0.665	0.398 0.127 0.638 0.198 0 0.500 0.500 0.335	0.722 0.792 0.638 0.198 0 0.500 0.837 0
$Fm-3m$ (TiH$_3$)	200	$a = b = c = 3.782\ \text{Å}$ $\alpha = \beta = \gamma = 90.00°$	H(8c) H(4a) Ti(4b)	0.250 0 0.500	-0.250 0 -0.500	-0.250 0 -0.500
$Immm$ (TiH$_6$)	200	$a = 4.335\ \text{Å}$ $b = 6.286\ \text{Å}$ $c = 2.703\ \text{Å}$ $\alpha = \beta = \gamma = 90.00°$	H(8n) H(4e) H(8n) H(4f) Ti(4g)	-0.130 -0.099 -0.150 -0.164 0	0.122 0 0.614 0.500 0.267	0.500 1.000 1.500 1.000 1.000
$C2/m$ (TiH$_6$)	250	$a = 4.974\ \text{Å}$ $b = 6.134\ \text{Å}$ $c = 2.658\ \text{Å}$ $\alpha = \gamma = 90.00°$ $\beta = 58.27°$	H(8j) H(8j) H(4i) H(4i) Ti(4g)	0.132 0.148 0.101 0.163 0	-0.619 -1.112 -0.500 -1.000 -0.765	0.369 1.357 0.861 0.885 1.000

6.5 Ti – H 化合物的动力学稳定性和电子性质

通过计算 $I4/mmm$(TiH)、$Fm-3m$（TiH$_3$）、$Immm$(TiH$_6$)以及 $C2/m$(TiH$_6$)这四种结构的声子色散曲线来对它们的动力学稳定性进行判定。如图 6 – 7 所示几种结构,整个布里渊区没有虚频模式出现,证明了它们的动力学稳定性。同时,也给出了 $I4/mmm$(TiH)、$Fm-3m$（TiH$_3$）、$Immm$ (TiH$_6$)三种结构在 200 GPa 压力下的声子态密度(PHDOS),如图 6 – 8 所示。我们可以看出,质量较重的 Ti 原子主要占据较低频率的振动模式,而质量较轻的 H 原子则主要贡献中高频的振动模式。

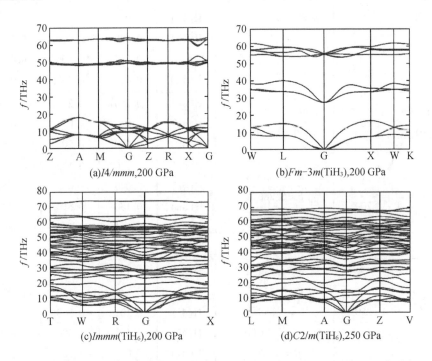

(a)$I4/mmm$,200 GPa

(b)$Fm-3m$(TiH$_3$),200 GPa

(c)$Immm$(TiH$_6$),200 GPa

(d)$C2/m$(TiH$_6$),250 GPa

图 6 – 7 $I4/mmm$（TiH）、$Fm-3m$（TiH$_3$）、$Immm$（TiH$_6$）、$C2/m$ （TiH$_6$）分别在 200 GPa、200 GPa、200 GPa、250 GPa 压力下的声子谱

可以注意到,$Immm$（TiH$_6$）在 200 GPa 压力下最高声子振动频率约为 74 THz,而在 250 GPa 压力下,$C2/m$ （TiH$_6$）声子最高振动频率约为 69 THz。由此可以看出,在 TiH_6 中,随着压力增加,声子最高振动频率在减小。由于两种结构中的声子最高振动频率均对应的是 H 原子的伸缩振动,所以可以推测声子频率随着压力升高而降低可能是由 H—H 距离变大导致的。随后对比了 Ti – H 化合物中的最近邻 H—H 距离,见表 6 – 2。TiH_6 在 200 GPa 压力下($Immm$ 结构)的最近邻 H—H 距离约为 0.86 Å,而在 250 GPa 压力下($C2/m$ 结构)的最近邻 H—H 距离约为 0.92 Å。由此可见,TiH_6 中声子频率随着压力升高而降低是由最近邻 H—H 距离变大导致的,从图 6 – 9 中可以看出最近邻 H—H 距离变大的过程。同时,$Immm$ 中的最邻近 H—H 距离(0.86 Å)与一些富氢化合物中准分子的 H_2 单元 H—H 距离很接近,例如,TeH_4 中的 0.85 Å,GeH_4 中的 0.87 Å,$SiH_2(H_2)_2$ 中的 0.84 Å,InH_3 中的 0.87 Å。所以可以推测 $Immm$(TiH_6)结构中可能会存在准分子的 H_2 单元。

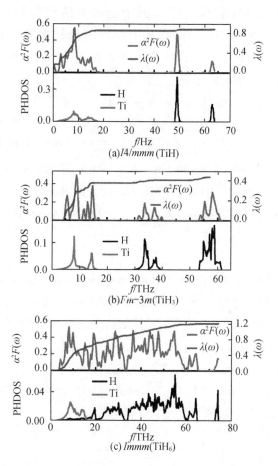

图 6 – 8　Ti – H 化合物在 200 GPa 压力下的声子态密度 PHDOS(下部分图)、谱函数 $\alpha^2 F(\omega)$ 及其积分 $\lambda(\omega)$(上部分图)

表 6 – 2   Ti – H 化合物中最近邻 H—H 距离

相	p/GPa	最近邻 H—H 间距/Å
$I4/mmm$(TiH)	200	2.41
$Fm-3m$(TiH$_3$)	200	1.64
$Immm$(TiH$_6$)	200	0.86
$C2/m$(TiH$_6$)	250	0.92

　　随后对 TiH$_6$ 在 200 GPa 和 250 GPa 压力下的两种结构进行了电子局域函数 (ELF) 的计算, 如图 6 – 9 所示。从 $Immm$ (TiH$_6$) 和 $C2/m$(TiH$_6$) 的三维 ELF 图 (等值面为 0.8) 可以看出, 这两种结构中确实含有准 H$_2$ 分子单元; 从图 6 – 9 的二维 ELF 也可以看出, 准 H$_2$ 分子单元中的 ELF 值约为 0.9, 属于强共价键。 $Immm$(TiH$_6$) 和 $C2/m$ (TiH$_6$) 两种结构中的准 H$_2$ 分子的键长要大于 H$_2$ 分子的键长(0.75 Å), 这是由于 H$_2$ 单元会从 Ti 原子得到电子, 而这些额外的电子会占据反键轨道, 因此会导致分子内部的键长变大。表 6 – 3 中的 Bader 电荷分析给出了具体电荷转移情况。而且对比图 6 – 9(a)(c) 可以看出, 从 $Immm$(TiH$_6$) 到 $C2/m$ (TiH$_6$) 相变的过程中, 本来与别的孤立氢原子位于一个平面上的 H$_2$ 单元, 由于受到压力的作用, 会移出原来所在平面, 导致了准分子 H$_2$ 单元的键长变大。同时, 也计算了 $I4/mmm$(TiH) 和 $Fm-3m$(TiH$_3$) 的电子局域函数, 如图 6 – 10 所示。Ti – H 和 H—H 之间均不存在局域电子, 说明 $I4/mmm$ (TiH) 和 $Fm-3m$ (TiH$_3$) 中不存在共价键。结合 Bader 电荷分析, 可以推断出 $I4/mmm$ (TiH) 和 $Fm-3m$(TiH$_3$) 中 Ti 与 H 之间表现出离子键特性, 且电子从 Ti 原子转移到 H 原子。

　　图 6 – 11 中给出了 $I4/mmm$(TiH)、$Fm-3m$ (TiH$_3$)、$Immm$(TiH$_6$) 三种化合物的电子态密度和三维费米面。费米面处有限的电子态密度值和复杂的三维费米面证明了它们的金属性。显然在三种结构中, 穿过费米能级的大多数导电态主要来自 Ti – 3d 轨道, Ti – 3d 对费米面处电子态密度($N(\varepsilon_F)$) 起了主要的贡献作用, 而 H – 1s、Ti – 4s、Ti – 4p 对 $N(\varepsilon_F)$ 贡献却很少。值得注意的是, 在 200 GPa 的压力下, $I4/mmm$(TiH)、$Fm-3m$ (TiH$_3$)、$Immm$ (TiH$_6$) 的 $N(\varepsilon_F)$ 值都较高, 具有较强的金属性, 有可能是良好的超导材料。

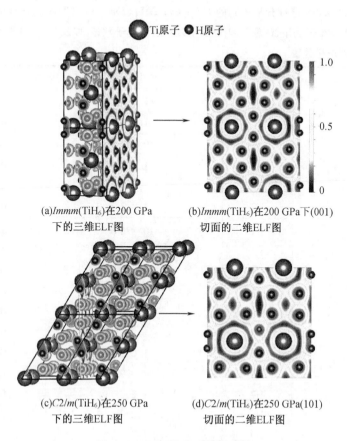

（a）*Immm*(TiH₆)在200 GPa
下的三维ELF图

（b）*Immm*(TiH₆)在200 GPa下(001)
切面的二维ELF图

（c）*C2/m*(TiH₆)在250 GPa
下的三维ELF图

（d）*C2/m*(TiH₆)在250 GPa(101)
切面的二维ELF图

图 6－9　TiH₆的电子局域函数

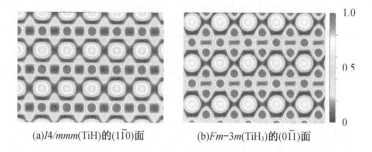

（a）*I4/mmm*(TiH)的(1Ī0)面

（b）*Fm-3m*(TiH₃)的(0Ī1)面

图 6－10　200 GPa 压力下的 Ti－H 化合物的二维电子局域函数图

表 6 − 3   通过 **Bader** 电荷分析得到的 *I*4/*mmm*（TiH）、*Fm* − 3*m*（TiH$_3$）、*Immm*（TiH$_6$）在 **200 GPa** 压力下，**H** 原子和 **Ti** 原子剩余的价电子数量，以及从 **Ti** 原子转移到 **H** 原子的电子数量

相	原子	价电子数	$\sigma(e)$
*I*4/mmm（TiH）	Ti	11.385 7	0.614 3
	H	1.614 3	− 0.614 3
Fm − 3*m*（TiH$_3$）	Ti	10.874 5	1.125 5
	H1	1.404 2	− 0.404 2
	H2	1.403 8	− 0.403 8
	H3	1.317 4	− 0.317 4
Immm（TiH$_6$）	Ti1	10.876 6	1.123 4
	Ti2	10.876 6	1.123 4
	H1	1.192 9	− 0.192 9
	H2	1.193 2	− 0.193 2
	H3	1.206 2	− 0.206 2
	H4	1.206 2	− 0.206 2
	H5	1.062 9	− 0.062 9
	H6	1.029 8	− 0.029 8
	H7	1.248 7	− 0.248 7
	H8	1.249 1	− 0.249 1
	H9	1.248 8	− 0.248 8
	H10	1.248 8	− 0.248 8
	H11	1.175 1	− 0.175 1
	H12	1.185 0	− 1.185 0

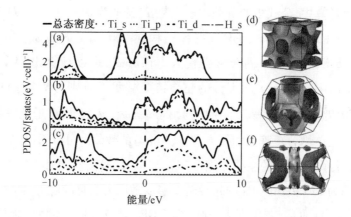

(a)(d)$I4/mmm$(TiH);(b)(e)$Fm-3m$(TiH$_3$);(c)(f)$Immm$(TiH$_6$)。

图 6－11　200 GPa 压力下 Ti－H 化合物的分立电子态密度和三维费米面

6.6　Ti－H 化合物的超导电性分析

通过对 TiH、TiH$_3$、TiH$_6$ 三种配比进行电声耦合计算来探究它们可能的超导电性。在 200 GPa 的压力下,$I4/mmm$(TiH)、$Fm-3m$(TiH$_3$)、$Immm$(TiH$_6$)的电声耦合常数 λ 分别为 0.849,0.435,1.212。图 6－8 中给出了 200 GPa 压力下,这三种配比的 Eliashberg 声子谱函数 $\alpha^2 F(\omega)$ 及其对频率的积分 $\lambda(\omega)$ 作为频率 ω 的函数曲线,还有它们的声子态密度。从图中可以发现,在三种配比的化合物中,与 H 有关的振动频率对 λ 的贡献随着 H 含量的增加而增加,即 $I4/mmm$ (TiH)(3%)$< Fm-3m$(TiH$_3$)(14%)$< Immm$(TiH$_6$)(50%);而与 Ti 原子有关的低频振动模式对 λ 的贡献按照以下顺序减小:$I4/mmm$(TiH)(3%)$> Fm-3m$(TiH$_3$)(14%)$> Immm$(TiH$_6$)(50%)。在 $I4/mmm$(TiH)和 $Fm-3m$(TiH$_3$)中,λ 主要被与 Ti 有关的振动模式贡献,而在 $Immm$(TiH$_6$)中,中高频率的与 H 有关的振动模式和与 Ti 有关的低频振动模式均做出了很大的贡献。

超导转变温度的计算利用的是 McMillan 强耦合理论修正的 Allen－Dynes 方程:

$$T_c = \frac{\omega_{\log}}{1.2}\exp\left[-\frac{1.04(1+\lambda)}{\lambda-\mu^*(1+0.62\lambda)}\right]$$

本次计算中,公式中的屏蔽库仑赝势 μ^* 选取为 $0.1 \sim 0.13$。$I4/mmm$（TiH）、$Fm-3m$（TiH$_3$）、$Immm$（TiH$_6$）三种结构在 200 GPa 下的 $\omega_{\log}$ 分别为 224 K、532 K、858 K;再将电声耦合常数代入上面公式,可以计算出 $I4/mmm$（TiH）、$Fm-3m$（TiH$_3$）、$Immm$（TiH$_6$）的超导转变温度 T_c 分别为 $9.7 \sim 11.8$ K、$1.8 \sim 3.5$ K、$70.9 \sim 79.3$ K。表 6-4 中列出了 T_c、$\omega_{\log}$、λ、平均声子频率 $\langle\omega^2\rangle^{1/2}$、费米面处平均电声耦合矩阵元的平方 $\langle I^2\rangle$、$N(\varepsilon_F)$ 的数值。可以看出,$Immm$（TiH$_6$）的 T_c 高于其他两种结构的主要原因是其 λ 和 $\omega_{\log}$ 均较高。同时,又在 TiH$_6$ 中计算了压力区间为 $175 \sim 250$ GPa 的超导转变温度随压力变化的趋势,如图 6-12(a) 所示。值得注意的是,在压力为 $200 \sim 225$ GPa 时,T_c 和 $\omega_{\log}$ 的变化很剧烈,对应于 $Immm \rightarrow C2/m$ 的相变过程。T_c 随着压力升高而降低主要是受 λ 的降低而影响的,尽管 $\omega_{\log}$ 随着压力升高而升高。

表 6-4 Ti-H 化合物在不同压力下的相关数值

相	p/GPa	$N(\varepsilon_F)$/[states·(spin·eV·cell)$^{-1}$]	$\omega_{\log}$ /K	$\langle\omega^2\rangle^{1/2}$ /THz	$\langle I^2\rangle$ /(eV^2·Å^{-2})	λ	T_c/K
$I4/mmm$（TiH）	200	2.333	224	74	0.418	0.849	$9.7 \sim 11.8$
$Fm-3m$（TiH$_3$）	200	0.518	532	126	1.834	0.435	$1.8 \sim 3.5$
$Immm$（TiH$_6$）	175	0.821	828	169	5.375	1.269	$70.9 \sim 79.3$
	200	0.788	858	175	5.699	1.212	$69.0 \sim 77.8$
$C2/m$（TiH$_6$）	225	0.666	1087	204	6.529	0.860	$48.5 \sim 58.7$
	250	0.636	1108	210	6.942	0.823	$44.8 \sim 54.9$

随后,本章探究了 TiH$_6$ 中 λ 的随压力升高而降低的原因。使用的是 McMillan 强耦合理论中所定义的公式:

$$\lambda = \frac{\eta}{M\langle\omega^2\rangle} = \frac{N(\varepsilon_F)\langle I^2\rangle}{M\langle\omega^2\rangle}$$

式中,M 是原子质量;$N(\varepsilon_F)$ 是费米面处电子态密度;$\langle I^2\rangle$ 是费米面处平均电声耦合矩阵元的平方,这个值是通过表 6-4 中给出的 λ;$N(\varepsilon_F)$ 以及 $\langle\omega^2\rangle^{1/2}$ 代入上面的公式中反推求解得到的。将上面公式两边同时取对数,并且减去相应参数在 175 GPa 压力时的值,可以得到下面的等式:

$$\ln \frac{\lambda}{\lambda_{175}} = \ln \frac{N(\varepsilon_F)}{N(\varepsilon_F)_{175}} + \ln \frac{\langle I^2 \rangle}{\langle I^2 \rangle_{175}} + \ln \frac{\langle \omega^2 \rangle_{175}}{\langle \omega^2 \rangle}$$

式中,脚标 175 表示对应的参数在 175 GPa 压力下的值。各个参数与 175 GPa 下该参数值的比值的对数随着压力变化的趋势如图 6 - 12(b) 所示。可以看出,$\langle I^2 \rangle$、λ、$N(\varepsilon_F)$、$\langle \omega^2 \rangle^{1/2}$ 几个参数在 $Immm \rightarrow C2/m$ 相变时变化都非常大。同时,可以看出,尽管 $\langle I^2 \rangle$ 随着压力增加而增加,而且其对 λ 是一个正贡献,但随压力升高而降低的 $N(\varepsilon_F)$ 和升高的声子频率对 λ 的变化影响更大,最终导致了 λ 随压力增加而降低。

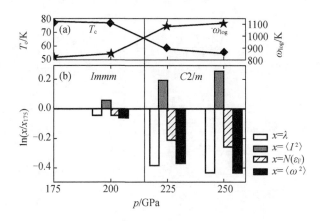

图 6 - 12　TiH$_6$ 中,各参数随压力变化的趋势

6.7　本章小结

利用 ELocR 结构预测方法结合第一性原理计算对高压下的 Ti - H 化合物进行了研究。TiH 和 TiH$_2$ 这两种配比在所研究的压力范围内都是热力学稳定的,而 TiH$_3$ 和 TiH$_6$ 分别在高于 25 GPa 和 175 GPa 的压力下才稳定。而且所预测的稳定配比在加入零点能修正后也不会发生改变。此外,本章中预测的 TiH$_2$ 的结构和相变与前人报道的结果相一致。在 200 GPa 压力下对 TiH、TiH$_3$ 和 TiH$_6$ 的电子结构的计算表明,它们均具有金属性。随后的电声耦合计算表明,上述 Ti - H 化合物均是可能的超导材料。在 200 GPa 时,TiH、TiH$_3$ 和 TiH$_6$ 的超导转变温度

分别为 9.7 ~ 11.8 K、1.8 ~ 3.5 K 和 70.9 ~ 79.3 K。在 TiH_6 中，T_c 和 λ 均随着压力升高而降低，这种变化趋势主要是由于随着压力升高而降低的 $N(\varepsilon_F)$ 和升高的声子频率造成的。本章中所预测的稳定结构的压力，均在当今高压实验科学可达到的压力范围内，本章的计算结果有望启发更多相关实验进行 Ti – H 化合物的合成和超导电性的测量。

第7章 高压下 MH_3 ($M = S$, Ti, V, Se) 立方型氢化物超导机制探究

7.1 引 言

从前两章的计算分析可以看出,预测的 $Fm-3m(\mathrm{VH_3})$ 和 $Fm-3m(\mathrm{TiH_3})$ 两种结构在高压下的超导转变温度很低,均低于 10 K。而同样是 1:3 配比且具有立方空间构型的 $Im-3m(\mathrm{SH_3})$ 和 $Im-3m(\mathrm{SeH_3})$,其超导转变温度却很高,在 200 GPa 压力下分别可以达到 200 K 和 100 K,而且 $\mathrm{SH_3}$ 中的高温超导电性及其空间结构已经被相关实验所验证。$Fm-3m$ ($\mathrm{VH_3}$) 和 $Fm-3m(\mathrm{TiH_3})$ 中的超导转变温度非常低,与 $Im-3m(\mathrm{SH_3})$ 中的高温超导电性形成了鲜明的对比。因此本章中对 $\mathrm{SH_3}$、$\mathrm{TiH_3}$、$\mathrm{VH_3}$、$\mathrm{SeH_3}$ 四种化合物中的电子–声子相互作用进行了系统的对比分析,以期探寻其中的超导机制。正如所料,四种化合物中 T_c 差异巨大主要是由它们之间的电声耦合常数 λ 差异巨大导致的。关于声子线宽和费米面嵌套函数的分析表明,四种化合物中,总体的电子结构对 Cooper 对形成的贡献很相近,因此,这不是导致电声耦合常数 λ 差异巨大的原因。随后的分析表明,四种化合物中光学支声子散射电子强度不同才是导致电声耦合常数 λ 差异巨大的主要原因。此外,光学支声子与波矢的强依赖关系是四种化合物中强电声耦合强度和较高超导转变温度的重要特征。

7.2 计 算 细 节

本章中利用 Allen – Dynes 修正的 McMillan 方程对超导转变温度进行计算:

$$T_c = \frac{\omega_{\log}}{1.2}\exp\left[-\frac{1.04(1+\lambda)}{\lambda-\mu^*(1+0.62\lambda)}\right] \tag{7-1}$$

式中,μ^* 是屏蔽库仑赝势;λ 是电声耦合常数;$\omega_{\log}$ 是声子频率算术平均。

λ 可以通过以下积分得到:

$$\lambda = 2\int_0^\infty \frac{\alpha^2 F(\omega)}{\omega} \mathrm{d}\omega \qquad (7-2)$$

其他重要的与 $\alpha^2 F(\omega)$ 有关的物理量定义为

$$\omega_{\log} = \exp\left[\frac{2}{\lambda}\int_0^\infty \frac{\mathrm{d}\omega}{\omega} \alpha^2 F(\omega)\ln \omega\right] \qquad (7-3)$$

$$\langle \omega^2 \rangle = \frac{2}{\lambda}\int_0^\infty \omega\, \alpha^2 F(\omega)\, \mathrm{d}\omega \qquad (7-4)$$

参数 ω 代表着声子振动频率,$\alpha^2 F(\omega)$ 是 Eliashberg 谱函数:

$$\alpha^2 F(\omega) = \frac{1}{2\pi N(\varepsilon_F)}\sum_{q\upsilon} \frac{\gamma_{q\upsilon}}{\omega_{q\upsilon}}\delta(\omega - \omega_{q\upsilon}) \qquad (7-5)$$

声子波矢用 q 表示,第 υ 支声子在 q 点处的频率表示为 $\omega_{q\upsilon}$。声子线宽 $\gamma_{q\upsilon}$ 可以表示为

$$\gamma_{q\upsilon} = \pi\,\omega_{q\upsilon} \sum_{mn} \sum_{k} |g_{mn}^\upsilon(k,q)|^2 \delta(\varepsilon_{m,k+q} - \varepsilon_F) \times \delta(\varepsilon_{n,k} - \varepsilon_F) \qquad (7-6)$$

式中,电声耦合矩阵元 $g_{mn}^\upsilon(k,q)$ 代表在吸收或者放出一个频率为 ω 的声子 $q\upsilon$ 将电子从一个态 $|m,k+q\rangle$ 散射到另一个态 $|n,k\rangle$,可以写为

$$g_{mn}^\upsilon(k,q) = \left(\frac{\hbar}{2M\,\omega_{q\upsilon}}\right)^{1/2}\langle m,k+q | \delta_{q\upsilon}V_{\mathrm{SCF}}| n,k\rangle \qquad (7-7)$$

式中,$|n,k\rangle$ 是电子的布洛赫态;$\delta_{q\upsilon}V_{\mathrm{SCF}}$ 是自洽势对声子波矢量 q 和振动模式 υ 所对应的集体离子位移的导数。

以声子线宽 $\gamma_{q\upsilon}$ 的形式,总的 λ 可以表示为

$$\lambda = \sum_{q\upsilon} \lambda_{q\upsilon} = \sum_{q\upsilon} \frac{\gamma_{q\upsilon}}{\pi N(\varepsilon_F)\,\omega_{q\upsilon}^2} \qquad (7-8)$$

利用 VASP 第一性原理计算软件包进行了结构弛豫。交换关联泛函采用的是梯度校正(GGA)下的 Perdew – Burke – Ernzerhof(PBE)方法。对于 H 和 Ti,分别选取了 VASP 赝势库中的 H_h_GW 和 Ti_sv_GW 赝势,截断半径分别为0.8 a.u. 和 2.2 a.u.,价电子数分别为 1 和 12。选取 1000 eV 作为平面波展开的能量截断,K 点采用了 Monkhorst – Pack 取样方法,倒空间中的最大间隔为 $2\pi \times 0.025\ \text{Å}^{-1}$,以确保总能收敛到每个原子 1 meV。电子态密度、动力学性质及电声耦合作用等计算使用了基于密度泛函微扰理论的 QUANTUM – ESPRESSO 软件包。赝势选用的是 Trouiller – Martins 类型的赝势,平面波截断能设置为 80 Ry,H 和 Ti

的价电子分别为 $1s^1$ 和 $3d^2 4s^2$。电声耦合计算时,采用了 $4 \times 4 \times 4$ 的 $\boldsymbol{q}$ 网格。

7.3　超　导　机　制

$Fm-3m(VH_3)$ 和 $Fm-3m$ (TiH_3) 中的超导转变温度非常低,与同样是 1:3 配比的立方构型的 $Im-3m(SH_3)$ 中的高温超导电性形成了鲜明的对比。因此,将超导转变温度很低的 $Fm-3m$ (VH_3) 和 $Fm-3m$ (TiH_3) 与具有高温超导电性的 $Im-3m(SH_3)$,以及超导转变温度较为适中的 $Im-3m(SeH_3)$ 进行了对比分析。四种化合物在 200 GPa 下的 T_c、λ、$\omega_{\log}$ 等数值列于表 7−1 中。显而易见,由公式(7−1)可以看出参数 T_c 是由 λ 和 $\omega_{\log}$ 决定的,SH_3 中的 T_c 较高是由其中的 λ (2.25) 和 $\omega_{\log}$(1320 K) 较大导致的。此外,SH_3 中的 λ 是 SeH_3 中的 2 倍,是 VH_3 和 TiH_3 中的 5 倍。为了深入讨论 TiH_3、VH_3、SH_3 和 SeH_3 四种化合物中电声耦合常数差异巨大的机制,随后又从两个方面进行计算讨论。一方面,利用了 McMillan 强耦合理论中定义的公式:

$$\lambda = \frac{\eta}{M \langle \omega^2 \rangle} = \frac{N(\varepsilon_F) \langle I^2 \rangle}{M \langle \omega^2 \rangle} \qquad (7-9)$$

式中,M 是原子质量;$N(\varepsilon_F)$ 是费米面处电子态密度;$\langle I^2 \rangle$ 是费米面处平均电声耦合矩阵元的平方,是通过将表 7−1 中给出的 λ、$N(\varepsilon_F)$、$\langle \omega^2 \rangle^{1/2}$ 代入上面的公式中反推求解得到的。相关数值均列在了表 7−1 中。对于立方相的 VH_3 和 TiH_3,λ 很小主要是由于其电声耦合矩阵元 $\langle I^2 \rangle$ 很小,尽管其中较高的费米面处电子态密度 $N(\varepsilon_F)$ 和较低的 $\langle \omega^2 \rangle^{1/2}$ 对于增强 λ 起到正贡献。而在 SH_3 中,电声耦合矩阵元 $\langle I^2 \rangle$ 很大,$N(\varepsilon_F)$ 较高,$\langle \omega^2 \rangle^{1/2}$ 较低,因此其 λ 较大。至于 SeH_3,尽管其 $\langle I^2 \rangle$ 很大,接近于 SH_3 中的数值,但是由于其 M 和 $\langle \omega^2 \rangle^{1/2}$ 比 SH_3 中的高,因此 SeH_3 中的 λ 相对于 SH_3 中较低。

表 7−1　四种化合物在 200 GPa 压力条件下的相关数值

相	$N(\varepsilon_F)/[$states $\cdot$ (spin $\cdot$ eV $\cdot$ cell)$^{-1}]$	$\omega_{\log}$ /K	$\langle \omega^2 \rangle^{1/2}$ /THz	$\langle I^2 \rangle$ /(eV$^2 \cdot$ Å^{-2})	λ	T_c/K
$Fm-3m$ (TiH_3)	0.52	532	126	1.83	0.44	1.8 ~ 3.5
$Fm-3m$ (VH_3)	0.39	567	121	2.09	0.40	1.1 ~ 2.5

表 7 − 1(续)

相	$N(\varepsilon_F)/[\text{states} \cdot (\text{spin} \cdot eV \cdot \text{cell})^{-1}]$	$\omega_{\log}$ /K	$\langle \omega^2 \rangle^{1/2}$ /THz	$\langle I^2 \rangle$ /(eV$^2 \cdot$ Å^{-2})	λ	T_c/K
$Im-3m(SH_3)$	0.25	1320	187	44.43	2.25	192.2 ~ 204.6
$Im-3m(SeH_3)$	0.23	1423	241	37.44	1.07	95.1 ~ 109.4

另一方面,利用式(7 − 6)中定义的声子线宽进行分析。图 7 − 1 中给出了 MH$_3$(M = S, Ti, V, Se)四种化合物在 200 GPa 下的声子谱、声子态密度、Eliashberg 声子谱函数 $\alpha^2 F(\omega)$ 以及积分 $\lambda(\omega)$。显而易见,在 VH$_3$ 和 TiH$_3$ 中,它们所有支的声子线宽(γ_{qv})几乎都相同,而且远小于 SH$_3$ 和 SeH$_3$ 中的相应数值(图 7 − 1 和表 7 − 2)。给定声子动量 q 和声子振动模式 v 处的电声耦合常数 λ_{qv} 可以用式(7 − 8)给出。对于 TiH$_3$ 和 VH$_3$,其中很低的声子线宽 γ_{qv} 导致了其中的电声耦合很弱。同时,第 v 支声子在 q 点处的频率 ω_{qv} 对 λ_{qv} 起到负贡献作用。因此,在所有支声子的声子线宽都接近的前提下,高频率的振动模式对于 λ_{qv} 的贡献会相对较低。因此,TiH$_3$ 和 VH$_3$ 中的光学支对总的 λ 的贡献很小。根据图 7 − 1 中的积分 $\lambda(\omega)$ 可以看出,在 TiH$_3$ 和 VH$_3$ 中,它们的光学支对于 λ 的贡献分别只有 14% 和 18%,这两种化合物中的电声耦合作用主要是由声学振动模式贡献的。对于 SH$_3$ 和 SeH$_3$,较大的声子线宽 γ_{qv} 导致了其中的电声耦合作用很强,它们的光学支振动模式对于 λ 的贡献分别高达 81% 和 83%。值得说明的是,尽管二者中的声子线宽较为接近,但 SeH$_3$ 中的 λ 相对于 SH$_3$ 中较低,主要是由于 SeH$_3$ 中的原子质量较大和振动频率较高。概括来讲,四种化合物中电声耦合常数差异巨大主要是由声学支贡献不同导致的,这可以通过声子线宽很好地反映出来。

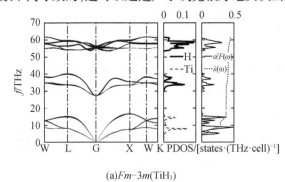

(a)$Fm-3m(TiH_3)$

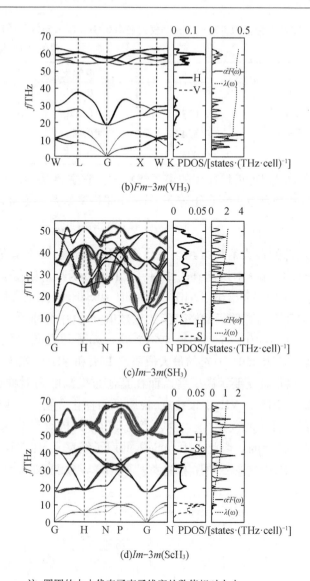

(b)$Fm-3m(VH_3)$

(c)$Im-3m(SH_3)$

(d)$Im-3m(ScH_3)$

注:圆圈的大小代表了声子线宽的数值相对大小。

图 7 - 1　四种化合物在 200 GPa 压力下的声子谱、声子态密度、Eliashberg
声子谱函数 $\alpha^2 F(\omega)$ 以及积分 $\lambda(\omega)$

表 7-2   四种化合物的不同声子振动模式在 200 GPa 压力条件下的声子线宽平均值

单位:GHz 每 q 点每个声子模式

相	光学支	声学支	全部振动模式
$Fm-3m$（TiH$_3$）	0.126	0.071	0.113
$Fm-3m$（VH$_3$）	0.079	0.051	0.072
$Im-3m$（SH$_3$）	0.524	0.071	0.411
$Im-3m$（SeH$_3$）	0.478	0.015	0.362

作为对 λ 起到正贡献作用的声子线宽 γ_{qv}，它主要受到两个参数的影响（见式（7-6））：一个是电声耦合矩阵元，另一个是嵌套函数。嵌套函数定义为

$$\xi_q = \sum_{mn} \sum_k \delta(\varepsilon_{m,k+q} - \varepsilon_F) \times \delta(\varepsilon_{n,k} - \varepsilon_F) \qquad (7-10)$$

在 G 点，ξ_q 的最大值可以用来度量金属化的程度，而在其他 q 点，则意味着电子对于形成 Cooper 对所起到的作用。大的嵌套函数 ξ_q 数值会增强电声耦合常数 λ 的数值。图 7-2 给出了 TiH$_3$、VH$_3$、SH$_3$ 和 SeH$_3$ 四种化合物在 200 GPa 压力下，沿着倒空间高对称路径的嵌套函数 ξ_q 数值，计算中分别采用了 1 139 103 个、1 139 103 个、1 065 015 个、1 046 493 个 $(k+q)$ 点以获得它们各自的能量本征值。在 G 点，SH$_3$ 和 SeH$_3$ 中 ξ_q 的最大值要比 TiH$_3$ 和 VH$_3$ 中稍大一些，说明了 SH$_3$ 和 SeH$_3$ 的金属化程度要稍高一些。而在其他布里渊区高对称点中，SH$_3$ 和 SeH$_3$ 中 ξ_q 的数值与 TiH$_3$ 和 VH$_3$ 中很接近，说明了四种化合物中嵌套函数对于声子线宽 γ_{qv} 的贡献是几乎相同的，这也说明了全局电子结构对于 Cooper 对的形成所起到的贡献是很接近的。因此，SH$_3$ 和 SeH$_3$ 的声子线宽 γ_{qv} 比 TiH$_3$ 和 VH$_3$ 中大很多是由 SH$_3$ 和 SeH$_3$ 中光学支声子有关的 $g_{mn}^v(k,q)$ 导致的，即光学支声子散射电子的强度。

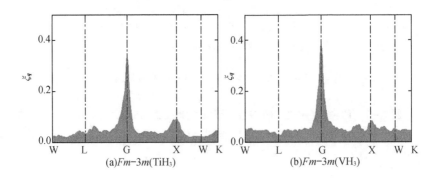

(a)$Fm-3m$(TiH$_3$)   (b)$Fm-3m$(VH$_3$)

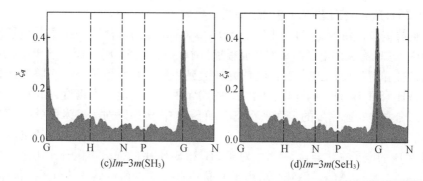

(c)$Im-3m$(SH$_3$)　　　　　　　(d)$Im-3m$(SeH$_3$)

注：计算中分别采用了 1 139 103 个、1 139 103 个、1 065 015 个、1 046 493 个（$k+q$）点以获得它们各自的能量本征值。

图7-2　四种化合物在200 GPa压力下沿着倒空间高对称路径的嵌套函数 ξ_q 数值

根据报道，SH_3 在 200 GPa 压力下的 T_c 约达到了 200 K，而且会随着压力升高呈现出接近于线性关系的降低趋势。而对于 SeH_3，其超导转变温度并不会随着压力的变化而呈现出大幅的变化，且一直保持在 110 K 左右。因此，可以认为 SH_3 和 SeH_3 的 T_c 在 200 GPa 的压力下达到了最大值，这一压力值接近于它们的结构相变压力点（SH_3 中的相变压力点约为 180 GPa，SeH_3 中的相变压力点约为 170 GPa）。所以，后续进行了对 TiH_3 和 VH_3 中两种化合物在相对较低压力区间的计算分析，以探究它们是否会在接近于其结构相变压力点的压力范围内具有更高的 T_c 值。如表 7-3 所示，TiH_3 和 VH_3 在较低的压力下会达到 T_c 的最大值，与它们的相变压力点很接近。TiH_3 和 VH_3 在 80 GPa 和 140 GPa 压力下的值分别为 9.9~13.3 K 和 8.4~11.1 K。随着压力的增加，它们的声子频率会升高如图 7-1 和图 7-3 中的声子谱所示，同时 $\omega_{\log}$ 也会相应升高，但是 λ 却呈现出了降低的趋势。根据式（7-1），T_c 是 λ 和 $\omega_{\log}$ 这两个参数平衡的结果。TiH_3 和 VH_3 中 T_c 随压力升高而降低，这主要是由 λ 的降低趋势导致的。随后利用式（7-9）对 λ 的降低趋势进行了分析。在 TiH_3 和 VH_3 中，电声耦合矩阵元 $\langle I^2 \rangle$ 随压力升高而升高对于增强 λ 起到了正贡献的作用。然而，降低的 $N(\varepsilon_F)$ 和升高的声子频率对 λ 起到的负贡献作用更多，呈现出 λ 随压力升高而降低的趋势。随后对 MH_3（M=S，Ti，V，Se）四种化合物的声子线宽 γ_{qv} 和嵌套函数 ξ_q 在它们有最大 T_c 的压力点进行了对比分析。$Fm-3m$（TiH_3）和（VH_3）分别在 80 GPa 和 140 GPa 压力下的声子线宽 γ_{qv} 和嵌套函数 ξ_q 分别如图 7-3 和图 7-4 所示。由图 7-4 可以看出，TiH_3 和 VH_3 在较低压力下的 ξ_q 与它们在 200 GPa 压力下的数值很接近，因此与图 7-1 中的 SH_3 和 SeH_3 的嵌套函数也很接近。对比 TiH_3 和 VH_3 在较低压力下的 γ_{qv} 与 SH_3 和 SeH_3 在 200 GPa 压力下的 γ_{qv} 可以发现，SH_3 和 SeH_3 的声子线宽 γ_{qv} 比 TiH_3 和 VH_3 中大很多是由 SH_3 和 SeH_3 中光学支声子有关的 g_{mn}^v（k，

q)导致的,这与我们之前讨论的结果相一致。

同样需要注意的是,对于 TiH_3 和 VH_3 两种 T_c 很低的化合物,在它们的电子态密度图中,与 H 有关的电子态离费米面很远(图6-11,图5-8)。而对于 SH_3 和 SeH_3 来讲,它们的费米面处电子态密度是由 H 起到主要贡献作用的(+)。随后计算了 TiH_3、VH_3、SH_3 和 SeH_3 四种化合物在 200 GPa 压力下的电子态密度,如图7-5 所示。从分立电子态密度的角度来看,SH_3 和 SeH_3 中 H 原子对于费米面处电子态密度 $N(\varepsilon_F)$ 的贡献要远大于 TiH_3 和 VH_3 中 H 原子对 $N(\varepsilon_F)$ 的贡献。费米面处电子态密度由 H 的电子态主导这一特性,对于 SH_3 和 SeH_3 中的强电声耦合作用是非常有益的。通常来说,$N(\varepsilon_F)$ 意味着可用于形成 Cooper 对的所有候选的电子。很显然,$N(\varepsilon_F)$ 较大对于提高 λ 起到了正贡献的作用。从式(7-6)、式(7-7)和式(7-10)的角度来看,嵌套函数 ξ_q 最终决定了在布里渊区的每一个 q 点处,候选电子参与形成 Cooper 对的可能性。布里渊区的所有 q 点处的嵌套函数 ξ_q 求和就意味着全局电子结构对于 λ 的贡献。正如前面所讨论的,$MH_3(M=S, Ti, V, Se)$ 四种化合物中的 ξ_q 对于声子线宽 γ_{qv} 的贡献很接近,这就说明了四种化合物种全局电子结构对于 λ 的贡献很接近。$MH_3(M=S, Ti, V, Se)$ 中的 λ 差异巨大主要是由它们的光学支声子散射电子强度不同导致的,而并不是全局电子结构的贡献导致的。

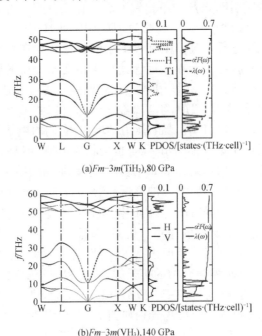

(a)Fm-$3m$(TiH_3),80 GPa

(b)Fm-$3m$(VH_3),140 GPa

注:圆圈的大小代表了声子线宽的数值相对大小。

图7-3　Fm-$3m$ (TiH_3)在 80 GPa 压力和 Fm-$3m$ (VH_3)在 140 GPa 压力下的声子谱、声子态密度、Eliashberg 声子谱函数 $\alpha^2 F(\omega)$ 以及积分 $\lambda(\omega)$

表 7 – 3　TiH$_3$ 和 VH$_3$ 两种化合物在不同压力条件下的相关数值

相	p /GPa	$N(\varepsilon_F)$/[states · (spin · eV · cell)$^{-1}$]	$\omega_{\log}$ /K	$\langle\omega^2\rangle^{1/2}$ /THz	$\langle I^2\rangle$ /(eV^2 · Å^{-2})	λ	T_c /K
$Fm-3m$ (TiH$_3$)	80	0.68	428	97	1.28	0.67	9.9 ~ 13.3
$Fm-3m$ (TiH$_3$)	100	0.64	462	105	1.40	0.58	8.7 ~ 9.7
$Fm-3m$ (TiH$_3$)	150	0.57	503	117	1.57	0.48	2.8 ~ 5.0
$Fm-3m$ (TiH$_3$)	200	0.52	532	126	1.83	0.44	1.8 ~ 3.5
$Fm-3m$ (VH$_3$)	140	0.43	339	86	1.63	0.68	8.4 ~ 11.1
$Fm-3m$ (VH$_3$)	150	0.42	409	95	1.71	0.57	5.4 ~ 8.0
$Fm-3m$ (VH$_3$)	200	0.39	567	121	2.09	0.40	1.1 ~ 2.5
$Fm-3m$ (VH$_3$)	250	0.36	621	132	2.47	0.37	0.6 ~ 1.6

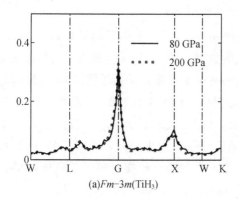
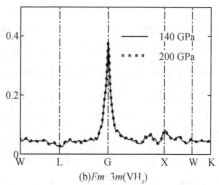

(a)$Fm-3m$(TiH$_3$)　　　　　　　　(b)$Fm-3m$(VH$_3$)

注:计算中均采用了 1 139 103 个($k+q$)点以获得它们各自的能量本征值。

图 7 – 4　TiH$_3$ 和 VH$_3$ 分别在不同的压力下,沿着倒空间高对称路径的嵌套函数 ξ_q 数值

　　从图 7 – 1 中可以很清晰地看到,SH$_3$ 和 SeH$_3$ 中光学支声子的振动频率(ω_{Opt})在不同的波矢 q 处的数值差距非常大,这说明了 ω_{Opt} 与波矢 q 的强依赖关系,这与爱因斯坦模型(Einstein model)中的频率与波矢 q 无关有很大不同(+)。而对于 TiH$_3$ 和 VH$_3$,它们的光学支声子的振动频率(ω_{Opt})与波矢 q 的依赖关系可以用爱因斯坦模型描述。光学支声子的振动频率(ω_{Opt})与波矢 q 的依赖关系可以用下式来进行度量:

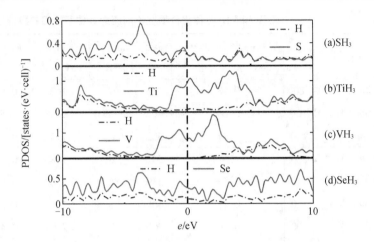

图 7 – 5　SH₃、TiH₃、VH₃和 SeH₃在 200 GPa 压力下的分立电子态密度图

$$\sigma_{\text{Freq}} = \frac{1}{N_q} \sum_{qv} \sqrt{(\omega_{qv} - \mu_v)^2} \qquad (7-11)$$

式中，ω_{qv} 代表第 v 支声子在 $\boldsymbol{q}$ 点处的频率；μ_v 代表第 v 支声子的平均频率；N_q 代表布里渊区中高对称路径上计算的 $\boldsymbol{q}$ 点的数目。σ_{OptFreq} 较大意味着 ω_{Opt} 与波矢 $\boldsymbol{q}$ 有着强依赖关系，σ_{OptFreq} 较小意味着 ω_{Opt} 与波矢 $\boldsymbol{q}$ 强依赖关系较弱。MH_3($M = S$，Ti，V，Se）四种化合物中的 σ_{OptFreq} 数值分别是 $2.0,0.9,1.1,2.4$。很明显，SH₃ 和 SeH₃ 中的 σ_{OptFreq} 数值约为 TiH₃ 和 VH₃ 中的 2 倍。具有较大 σ_{OptFreq} 数值的光学支声子会提供更大的能量范围，这会提高满足 Cooper 对形成需要的能量的可能性，对于高温超导是非常有利的。一些其他立方空间构型的高温超导氢化物中也存在着类似的光学支声子的振动频率（ω_{Opt}）与波矢 $\boldsymbol{q}$ 的强依赖关系特征，如 SiH₃、MgH₆、CaH₆、YH₆。

7.4　本章小结

　　本章对具有立方空间构型且具有 1:3 配比的 SH₃、TiH₃、VH₃、SeH₃ 四种化合物的电声耦合机制进行了对比分析。四种化合物中，全局电子结构对于 λ 的贡献很接近。TiH₃ 和 VH₃ 中的电声耦合作用很弱，主要是由于光学支声子相关的 $g_{mn}^v(\boldsymbol{k},\boldsymbol{q})$ 很小。而在 SH₃ 和 SeH₃ 中，光学支声子的振动频率与波矢 $\boldsymbol{q}$ 的依赖关系很强，因而会提供更大的能量范围，进而提高满足 Cooper 对形成需要的能量的可能性,进而导致了它们中的 λ 很大。SeH_3 中的 λ 相比于 SH_3 中的较低,主要是由于 SeH_3 中的声子振动频率较高和原子质量较大。上述分析揭示了 MH_3($M = S$, Ti, V, Se)立方空间构型氢化物中的超导机制主要是由光学支声子散射电子的强度决定的。光学支声子的振动频率与波矢 q 的强依赖关系是对高温超导电性大有裨益的一个特征。

参 考 文 献

[1] KANDA H,AKAISHI M,YAMAOKA S. New catalysts for diamond growth under high pressure and high temperature[J]. Applied Physics Letters,1994,65(6): 784-786.

[2] ZHANG L J,WANG Y C,LV J,et al. Materials discovery at high pressures[J]. Nature Reviews Materials,2017,2(4):28-90.

[3] STRONG H M,HANNEMAN R E. Crystallization of diamond and graphite[J]. The Journal of Chemical Physics,1967,46(9):3668-3676.

[4] WENTORF R H. Cubic form of boron nitride[J]. The Journal of Chemical Physics, 1957,26(4):956.

[5] ZHANG W W,OGANOV A R,GONCHAROV A F,et al. Unexpected stable stoichiometries of sodium chlorides[J]. Science,2013,342(6165):1502-1505.

[6] ZHOU D W,JIN X L,XING M,et al. Ab initio study revealing a layered structure in hydrogen-rich KH_6 under high pressure[J]. Physical Review B, 2012,86(1):014118.

[7] DUAN D F,LIU Y X,TIAN F B,et al. Pressure-induced metallization of dense $(H_2S)_2H_2$ with high-T_c superconductivity [J]. Scientific Reports, 2014, 10 (4):6968.

[8] DUAN D F,HUANG X L,TIAN F B,et al. Pressure-induced decomposition of solid hydrogen sulfide[J]. Physical Review B,2015,91(18):180502.

[9] DROZDOV A P,EREMETS M I,TROYAN I A,et al. Conventional superconductivity at 203 kelvin at high pressures in the sulfur hydride system[J]. Nature,2015, 525(7567):73-76.

[10] EINAGA M,SAKATA M,ISHIKAWA T,et al. Crystal structure of the superconducting phase of sulfur hydride[J]. Nature Physics,2016,12(9):835-838.

[11] LV J,WANG Y C,ZHU L,et al. Predicted novel high-pressure phases of lithium[J]. Physical Review Letters,2011,106(1): 015503.

[12] MA Y M,EREMETS M,OGANOV A R,et al. Transparent dense sodium[J]. Nature,2009,458(7235):182-185.

[13] JIN X L, CHEN X J, CUI T, et al. Crossover from metal to insulator in dense lithium-rich compound CLi_4 [J]. Proceedings of the National Academy of Sciences of the United States of America, 2016, 113(9): 2366-2369.

[14] XU J A, MAO H K, BELL P M. High-pressure ruby and diamond fluorescence: observations at 0. 21 to 0. 55 tera pascal[J]. Science, 1986, 232(4756): 1404-1406.

[15] WIGNER E, HUNTINGTON H B. On the possibility of a metallic modification of hydrogen[J]. The Journal of Chemical Physics, 2004, 3(12): 764-770.

[16] ASHCROFT N W. Metallic Hydrogen: A high-temperature superconductor? [J]. Physical Review Letters, 1968, 21(26): 1748-1749.

[17] CUDAZZO P, PROFETA G, SANNA A, et al. Ab initio description of high-temperature superconductivity in dense molecular hydrogen [J]. Physical Review Letters, 2008, 100(25): 257001.

[18] MCMAHON J M, MORALES M A, PIERLEONI C, et al. The properties of hydrogen and helium under extreme conditions [J]. Reviews of Modern Physics, 2012, 84(4): 1607-1653.

[19] MCMAHON J M, CEPERLEY D M. High-temperature superconductivity in atomic metallic hydrogen[J]. Physical Review B, 2011, 84(14): 4578 – 4586.

[20] DALLADAY-SIMPSON P, HOWIE R T, GREGORYANZ E. Evidence for a new phase of dense hydrogen above 325 gigapascals[J]. Nature, 2016, 529 (7584): 63-67.

[21] DIAS R P, SILVERA I F. Observation of the Wigner-Huntington transition to metallic hydrogen[J]. Science, 2017, 355(6326): 715-718.

[22] PENG F, SUN Y, PICKARD C J, et al. Hydrogen clathrate structures in rare earth hydrides at high pressures: possible route to room-temperature superconductivity[J]. Physical Review Letters, 2017, 119(10): 107001.

[23] ASHCROFT N W. Hydrogen dominant metallic alloys: high temperature superconductors? [J]. Physical Review Letters, 2004, 92(18): 187002.

[24] WANG H, LI X, GAO G Y, et al. Hydrogen-rich superconductors at high pressures [J]. Wiley Interdisciplinary Reviews: Computational Molecular Science, 2018, 8(1): e1330.

[25] SOMAYAZULU M S, FINGER L W, HEMLEY R J, et al. High-pressure compounds in methane-hydrogen mixtures[J]. Science, 271(5254): 1400-1402.

［26］ MARTINEZ-CANALES M,BERGARA A. No evidence of metallic methane at high pressure［J］. High Pressure Research,2006,26(4):369-375.

［27］ ZHAO J,FENG W X,LIU Z M,et al. Structural investigation of solid methane at high pressure［J］. Chinese Physics Letters,2010,27(6):141-143.

［28］ EREMETS M I,TROJAN I A,MEDVEDEV S A,et al. Superconductivity in hydrogen dominant materials: silane［J］. Science, 2008, 319 (5869): 1506-1509.

［29］ CHEN X J,WANG J L,STRUZHKIN V V,et al. Superconducting behavior in compressed solid SiH_4 with a layered structure［J］. Physical Review Letters, 2008,101(7):077002.

［30］ LI Y W,GAO G Y,YU X,et al. Superconductivity at ~100 K in dense $SiH_4(H_2)_2$ predicted by first principles［J］. Proceedings of the National Academy of Sciences of the United States of America,2010,107(36):15708.

［31］ JIN X L, MENG X, HE Z, et al. Superconducting high-pressure phases of disilane［J］. Proceedings of the National Academy of Sciences of the United States of America,2010,107(22):9969-9973.

［32］ GAO G,OGANOV A R,BERGARA A,et al. Superconducting high pressure phase of germane［J］. Physical Review Letters,2008,101(10):107002.

［33］ ZHANG H D,JIN X L,LV Y Z,et al. A novel stable hydrogen-rich SnH_8 under high pressure［J］. RSC Advances,2015,5(130):107637-107641.

［34］ ZALESKI-EJGIERD P,HOFFMANN R,ASHCROFT N W. High pressure stabilization and emergent forms of PbH4［J］. Physical Review Letters, 2011, 107 (3):037002.

［35］ WANG Y C,LIU H Y,LV J,et al. High pressure partially ionic phase of water ice［J］. Nature Communications,2011,2:563.

［36］ ZHANG S T,WANG Y C,ZHANG J,et al. Phase diagram and high-temperature superconductivity of compressed selenium hydrides［J］. Scientific Reports, 2015,5:15433.

［37］ ZHONG X,WANG H,ZHANG J,et al. Tellurium hydrides at high pressures: high-temperature superconductors［J］. Physical Review Letters, 2016, 116 (5):057002.

［38］ LIU Y X, DUAN D F, TIAN F B, et al. Prediction of stoichiometric PoH_n compounds:crystal structures and properties［J］. RSC Advances, 2015, 5

(125):103445-103450.

[39] ABE K,ASHCROFT N W. Crystalline diborane at high pressures[J]. Physical Review B,2011,84(84):2669-2674.

[40] HU C H,OGANOV A R,ZHU Q,et al. Pressure-induced stabilization and insulator-superconductor transition of BH[J]. Physical Review Letters,2013, 110(16):165504.

[41] GONCHARENKO I,EREMETS M I,HANFLAND M,et al. Pressure-induced hydrogen-dominant metallic state in aluminum hydride[J]. Physical Review Letters,2008,100(4):045504.

[42] SUN S T,KE X Z,CHEN C F,et al. First-principles prediction of low-energy structures for AlH_3 [J]. Physical Review B Compressed Matter, 2009, 79 (2):024104.

[43] GAO G Y,WANG H,BERGARA A,et al. Metallic and superconducting gallane under high pressure [J]. Physical Review B Condensed Matter, 2011, 84 (6):064118.

[44] FENG X L,ZHANG J,GAO G Y,et al. Compressed sodalite-like MgH_6 as a potential high-temperature superconductor[J]. RSC Advances,2015,5(73): 59292-59296.

[45] WANG H,TSE J S,TANAKA K,et al. Superconductive sodalite-like clathrate calcium hydride at high pressures[J]. Proceedings of the National Academy of Sciences of the United States of America,2012,109(17):6463-6466.

[46] ZÜTTEL A. Hydrogen storage methods [J]. Naturwissenschaften, 2004, 91 (4):157-172.

[47] LI Y W,HAO J,LIU H Y,et al. Pressure-stabilized superconductive yttrium hydrides[J]. Scientific Reports,2015,5:9948.

[48] QIAN S F,SHENG X W,YAN X Z, et al. Theoretical study of stability and superconductivity of ScH_n ($n=4$-8) at high pressure[J]. Physical Review B, 2017,96(9):094513.

[49] KVASHNIN A G,SEMENOK D V,KRUGLOV I A,et al. High-temperature superconductivity in a Th-H system under pressure conditions [J]. ACS Applied Materials & Interfaces,2018,10(50):43809-43816.

[50] Kruglov I A,Kvashnin A G,Goncharov A F,et al. Uranium polyhydrides at moderate pressures:Prediction,synthesis,and expected superconductivity[EB/

OL]. 2017:arXiv: 1708. 05251 [cond-mat. mtrl-sci]. https://arxiv. org/abs/ 1708. 05251.

[51] LIU H Y, NAUMOV I I, HOFFMANN R, et al. Potential high-T_c superconducting lanthanum and yttrium hydrides at high pressure [J]. Proceedings of the National Academy of Sciences of the United States of America, 2017, 114 (27):6990-6995.

[52] DROZDOV A P, KONG P P, MINKOV V S, et al. Superconductivity at 250 K in lanthanum hydride under high pressures [J]. Nature, 2019, 569 (7757): 528-531.

[53] LI X, HUANG X L, DUAN D F, et al. Polyhydride CeH_9 with an atomic-like hydrogen clathrate structure [J]. Nature Communications, 2019, 10(1):1-7.

[54] ZHOU D, SEMENOK D V, DUAN D F, et al. Superconducting praseodymium superhydrides [J]. Science Advances, 2020, 6(9):eaax6849.

[55] ZHOU D, SEMENOK D V, XIE H, et al. High-pressure synthesis of magnetic neodymium polyhydrides [J]. Journal of the American Chemical Society, 2020, 142(6):2803-2811.

[56] MARTIN R M. Electronic structure: basic theory and practical methods [M]. Cambridge: Cambridge University Press, 2007.

[57] SUTCLIFFE B T. The Born-Oppenheimer approximation [M]. New York: Springer US, 1992.

[58] BORN M, HUANG K, LAX M. Dynamical theory of crystal lattices [M]. Oxford: Clarendon Press, 1954.

[59] PICK R M, COHEN M H, MARTIN R M. Microscopic theory of force constants in the adiabatic approximation [J]. Physical Review B, 1970, 1(2):910-920.

[60] FERMI E. Eine statistische methode zur bestimmung einiger eigenschaften des atoms und ihre anwendung auf die theorie des periodischen systems der elemente [J]. Zeitschrift Für Physik, 1928, 48(1/2):73-79.

[61] FOCK V. Näherungsmethode zur Lösung des quantenmechanischen mehrkörperproblems [J]. Zeitschrift für Physik, 1930, 61(1-2):126-148.

[62] 阎守胜. 固体物理基础 [M]. 3版. 北京: 北京大学出版社, 2011.

[63] 谢希德, 陆栋. 固体能带理论 [M]. 上海: 复旦大学出版社, 2007.

[64] PARR R G. Density functional theory of atoms and molecules [M]. Oxford: Oxford University Press, 1989.

[65] ZIEGLER T. ChemInform Abstract:Approximate density functional theory as a practical tool in molecular energetics and dynamics[J]. ChemInform,1992,23(3):651-667.

[66] THOMAS L H. The calculation of atomic fields[J]. Mathematical Proceedings of the Cambridge Philosophical Society,1927,23(5):542-548.

[67] HOHENBERG P,KOHN W. Inhomogeneous Electron Gas[J]. Physical Review,1964,136(3B):B864-B871.

[68] KOHN W,SHAM L J. Self-consistent equations including exchange and correlation effects[J]. Physical Review,1965,140(4A):A1133-A1138.

[69] Baerends E J. Perspective on "Self-consistent equations including exchange and correlation effects"[J]. Theoretical Chemistry Accounts,2000,103(3):265-269.

[70] PERDEW J P,BURKE K,ERNZERHOF M. Generalized gradient approximation made simple[J]. Physical Review Letters,1996,77(18):3865-3868.

[71] PERDEW J P,CHEVARY J A,VOSKO S H,et al. Atoms,molecules,solids,and surfaces:Applications of the generalized gradient approximation for exchange and correlation[J]. Physical Review B,1992,46(11):6671-6687.

[72] BECKE A D. Density-functional thermochemistry. III. The role of exact exchange[J]. The Journal of Chemical Physics,1998,98(7):5648-5652.

[73] HAMPRECHT F A,COHEN A J,TOZER D J,et al. Development and assessment of new exchange-correlation functionals[J]. The Journal of Chemical Physics,1998,109(15):6264-6271.

[74] ERNZERHOF M,SCUSERIA G E. Kinetic energy density dependent approximations to the exchange energy[J]. The Journal of Chemical Physics,1999,111(3):911-915.

[75] PERDEW J P,KURTH S,ZUPAN A,et al. Accurate density functional with correct formal properties:a step beyond the generalized gradient approximation[J]. Physical Review Letters,1999,82(12):2544-2547.

[76] BECKE A D,ROUSSEL M R. Exchange holes in inhomogeneous systems:A coordinate-space model[J]. Physical Review A,1989,39(8):3761-3767.

[77] VAN VOORHIS T V,SCUSERIA G E. A novel form for the exchange-correlation energy functional[J]. The Journal of Chemical Physics,1998,109(2):400-410.

［78］ PROYNOV E,CHERMETTE H,SALAHUB D R. New τ-dependent correlation functional combined with a modified Becke exchange［J］. The Journal of Chemical Physics,2000,113(22):10013-10027.

［79］ BECKE A D. Simulation of delocalized exchange by local density functionals ［J］. The Journal of Chemical Physics,2000,112(9):4020-4026.

［80］ STEPHENS P J D,DEVLIN F J C,CHABALOWSKI C F N,et al. Ab Initio calculation of vibrational absorption and circular dichroism spectra using density functional force fields. ［J］The Journal of Physical Chemistry,1994,98 (45):11623-11627.

［81］ 黄昆. 固体物理学［M］. 北京:北京大学出版社,2014.

［82］ 李正中. 固体理论［M］. 北京:高等教育出版社,2002.

［83］ 玻恩 M,黄昆. 晶格动力学理论［M］. 重排本. 葛惟锟,贾惟义,译. 北京:北京大学出版社,2011.

［84］ 吴代鸣. 固体物理基础［M］. 北京:高等教育出版社,2007.

［85］ FRANK W,ELSÄSSER C,FÄHNLE M. Ab initio force-constant method for phonon dispersions in alkali metals［J］. Physical Review Letters,1995,74 (10):1791-1794.

［86］ TOGO A,OBA F,TANAKA I. First-principles calculations of the ferroelastic transition between rutile-type and $CaCl_2$-type SiO_2 at high pressures［J］. Physical Review B,2008,78(13):134106.

［87］ BARONI S,DE GIRONCOLI S,DAL CORSO A,et al. Phonons and related crystal properties from density-functional perturbation theory［J］. Review of Modern Physics,2008,73(2):515-562.

［88］ GIANNOZZI P,BARONI S,BONINI N,et al. QUANTUM ESPRESSO:A modular and open-source software project for quantum simulations of materials［J］. Journal of Physics: Condensed Matter,2009,21(39):395502.

［89］ LIU Z-L. Phasego:A toolkit for automatic calculation and plot of phase diagram［J］. Computer Physics Communications,2015,191:150-158.

［90］ OTERO-DE-LA-ROZA A,ABBASI-PéREZ D,LUAÑA V. Gibbs2:A new version of the quasiharmonic model code. II. Models for solid-state thermodynamics, features and implementation［J］. Computer Physics Communications,2011, 182(10):2232-2248.

［91］ BIRCH F. Finite elastic strain of cubic crystals［J］. Physical Review,1947,71

(11):809-824.

[92] HEBBACHE M,ZEMZEMI M. Ab initio study of high-pressure behavior of a low compressibility metal and a hard material:osmium and diamond[J]. Physical Review B,2004,70(22):155-163.

[93] 章立源. 超导理论[M]. 北京:科学出版社,2006.

[94] 章立源. 超越自由:神奇的超导体[M]. 北京:科学出版社,2005.

[95] 基泰尔 C,项金钟,吴兴惠. 固体物理导论[M]. 8 版. 北京:化学工业出版社,2012.

[96] FRÖHLICH H. Theory of the Superconducting State. I. The ground state at the absolute zero of temperature[J]. Physical Review,1950,79(5):845-856.

[97] COOPER L N. Bound electron pairs in a degenerate fermi gas[J]. Physical Review,1956,104(4):1189-1190.

[98] BARDEEN J,COOPER L N,SCHRIEFFER J R. Theory of superconductivity [J]. Physical Review,1957,108(5):1175-1204.

[99] NAMBU Y. Quasi-particles and gauge invariance in the theory of superconductivity [J]. Physical Review,1960,117(3):648-663.

[100] MCMILLAN W L. Transition temperature of strong-coupled superconductors [J]. Physical Review,1968,167(2):331-344.

[101] ALLEN P B. Neutron spectroscopy of superconductors[J]. Physical Review B,1972,6(7):2577-2579.

[102] ALLEN P B,Dynes R C. Transition temperature of strong-coupled superconductors reanalyzed[J]. Physical Review B,1975,12(3):905-922.

[103] GLASS C W, OGANOV A R, HANSEN N. USPEX—Evolutionary crystal structure prediction[J]. Computer Physics Communications,2006,175(11):713-720.

[104] OGANOV A R, GLASS C W. Crystal structure prediction using ab initio evolutionary techniques:Principles and applications [J]. The Journal of Chemical Physics,2006,124(24):244704.

[105] WANG Y C,LV J,ZHU L,et al. Crystal structure prediction via particle swarm optimization[J]. Physics,2010,82(9):7174-7182.

[106] WANG Y C,LV J,ZHU L,et al. CALYPSO:A method for crystal structure prediction [J]. Computer Physics Communications, 2012, 183 (10): 2063-2070.

[107] LI Y, JIN X L, CUI T, et al. Structural stability and electronic property in K_2S under pressure[J]. RSC Advances, 2017, 7(12): 7424-7430.

[108] 李树棠. 晶体 X 射线衍射学基础[M]. 北京: 冶金工业出版社, 1999.

[109] 梁栋材. X 射线晶体学基础[M]. 北京: 科学出版社, 2006.

[110] 张华迪. 高压下第四主族及典型镧系元素氢化物的第一性原理研究[D]. 长春: 吉林大学, 2016.

[111] ZHANG H D, JIN X L, LV Y Z, et al. A novel stable hydrogen-rich SnH_8 under high pressure[J]. RSC Advances, 2015, 5(130): 107637-107641.

[112] ZHUANG Q, JIN X L, CUI T, et al. Pressure-stabilized superconductive ionic tantalum hydrides[J]. Inorganic Chemistry, 2017, 56(7): 3901-3908.

[113] BONEV S A, SCHWEGLER E, OGITSU T, et al. A quantum fluid of metallic hydrogen suggested by first-principles calculations[J]. Nature, 2004, 431(7009): 669.

[114] MAO H-K, HEMLEY R J. Ultrahigh-pressure transitions in solid hydrogen [J]. Reviews of Modern Physics, 1994, 66(2): 671-692.

[115] GINZBURG V L. What problems of physics and astrophysics seem now to be especially important and interesting (thirty years later, already on the verge of XXI century)? [J]. Physics-Uspekhi, 1999, 42(4): 353-373.

[116] HOWIE R T, DALLADAY-SIMPSON P, GREGORYANZ E. Raman spectroscopy of hot hydrogen above 200 GPa[J]. Nature materials, 2015, 14(5): 495-499.

[117] EREMETS M I, DROZDOV A P, KONG P P, et al. Semimetallic molecular hydrogen at pressure above 350 GPa[J]. Nature Physics, 2019, 15(12): 1246-1249.

[118] LOUBEYRE P, OCCELLI F, DUMAS P. Synchrotron infrared spectroscopic evidence of the probable transition to metal hydrogen[J]. Nature, 2020, 577(7792): 631-635.

[119] CUI T, CHENG E, ALDER B J, et al. Rotational ordering in solid deuterium and hydrogen: A path integral Monte Carlo study[J]. Physical Review B, 1997, 55: 12253.

[120] KITAMURA H, TSUNEYUKI S, OGITSU T, et al. Quantum distribution of protons in solid molecular hydrogen at megabar pressures[J]. Nature, 2000, 404(6775): 259-262.

[121] JOHNSON K A, ASHCROFT N W. Structure and bandgap closure in dense hydrogen[J]. Nature,2000,403(6770):632.

[122] PICKARD C J, NEEDS R J. Structure of phase Ⅲ of solid hydrogen[J]. Nature Physics,2007,3(7):473-476.

[123] MONSERRAT B, NEEDS R J, GREGORYANZ E, et al. Hexagonal structure of phase Ⅲ of solid hydrogen [J]. Physical Review B, 2016, 94 (13):134101.

[124] HOWIE R T, GUILLAUME C L, SCHELER T, et al. Mixed molecular and atomic phase of dense hydrogen[J]. Physical Review Letters, 2012, 108 (12):125501.

[125] ISHIKAWA T, NAGARA H, ODA T, et al. Phase with pressure-induced shuttlewise deformation in dense solid atomic hydrogen[J]. Physical Review B Condensed Matter,2014,90(10):104102.

[126] LIU H Y, WANG H, MA Y M. Quasi-molecular and atomic phases of dense solid hydrogen[J]. The Journal of Physical Chemistry C,2012,116(16): 9221-9226.

[127] MCMAHON J M, CEPERLEY D M. Ground-state structures of atomic metallic hydrogen[J]. Physical Review Letters,2011,106(16):165302.

[128] AZADI S, MONSERRAT B, FOULKES W M, et al. Dissociation of high-pressure solid molecular hydrogen:a quantum Monte Carlo and anharmonic vibrational study[J]. Physical Review Letters,2014,112(16):165501.

[129] DRUMMOND N D, MONSERRAT B, LLOYD-WILLIAMS J H, et al. Quantum Monte Carlo study of the phase diagram of solid molecular hydrogen at extreme pressures[J]. Nature Communications,2015,6:7794.

[130] MCMINIS J, CLAY R C, LEE D, et al. Molecular to atomic phase transition in hydrogen under high pressure [J]. Physical Review Letters, 2015, 114 (10):105305.

[131] AZADI S, ACKLAND G J. The role of van der Waals and exchange interactions in high-pressure solid hydrogen[J]. Physical Chemistry Chemical Physics, 2017,19(32):21829-21839.

[132] KRESSE G, FURTHMüLLER J. Efficient iterative schemes for ab initio total-energy calculations using a plane-wave basis set[J]. Physical Review B Condensed Matter,1996,54(16):11169-11186.

[133] KLIMEŠ J,BOWLER D R,Michaelides A. Van der Waals density functionals applied to solids[J]. Physical Review B,2011,83(19):195131.

[134] LANGRETH D C,LEE K,MURRAY E D. Investigation of exchange energy density functional accuracy for interacting molecules[J]. Journal of Chemical Theory and Computation,2009,5(10):2754-2762.

[135] RAPPE A M,RABE K M,KAXIRAS E,et al. Optimized Pseudopotentials [J]. Physical Review B Condensed Matter,1990,41(2):1227-1230.

[136] SCHWARZ K,BLAHA P,MADSEN G K H. Electronic structure calculations of solids using the WIEN2k package for material sciences[J]. Computer Physics Communications,2002,147(1/2):71-76.

[137] CLAY R C,MCMINIS J,MCMAHON J M,et al. Benchmarking exchange-correlation functionals for hydrogen at high pressures using quantum Monte Carlo[J]. Physical Review B,2014,89(18):184106.

[138] HOWIE R T,MAGDAU I B,GONCHAROV A F,et al. Phonon localization by mass disorder in dense hydrogen-deuterium binary alloy[J]. Physical Review Letters,2014,113(17):175501.

[139] RICHARDSON C F,ASHCROFT N W. High Temperature superconductivity in metallic hydrogen:electron-electron enhancements[J]. Physical Review Letters,1997,78(78):118-121.

[140] GASPARI G D,GYORFFY B L. Electron-phonon interactions,dresonances, and superconductivity in transition metals[J]. Physical Review Letters, 1972,28(13):801-805.

[141] WOLVERTON C,SIEGEL D J,AKBARZADEH A R,et al. Discovery of novel hydrogen storage materials:an atomic scale computational approach [J]. Journal of Physics:Condensed Matter,2008,20(6):064228.

[142] DUAN D F,LIU Y X,MA Y M,et al. Structure and superconductivity of hydrides at high pressures[J]. National Science Review, 2017, 4 (1): 121-135.

[143] LIU Y X,DUAN D F,TIAN F B,et al. Pressure-induced structures and properties in indium hydrides[J]. Inorganic Chemistry,2015,54(20):9924-9928.

[144] ERREA I,CALANDRA M,PICKARD C J,et al. High-pressure hydrogen sulfide from first principles:a strongly anharmonic phonon-mediated

superconductor[J]. Physical Review Letters,2015,114(15):157004.

[145] ERREA I,CALANDRA M,PICKARD C J,et al. Quantum hydrogen-bond symmetrization in the superconducting hydrogen sulfide system[J]. Nature, 2016,532(7597): 81-84.

[146] SHAMP A,TERPSTRA T,BI T,et al. Decomposition products of phosphine under pressure: PH_2 stable and superconducting? [J]. Journal of the American Chemical Society,2016,138(6):1884-1892.

[147] LIU H Y,LI Y W,GAO G Y,et al. Crystal structure and superconductivity of PH_3 at high pressures[J]. The Journal of Physical Chemistry C,2016,120 (6):3458-3461.

[148] FLORES-LIVAS J A, SANNA A, GROSS E K U. High temperature superconductivity in sulfur and selenium hydrides at high pressure[J]. The European Physical Journal B,2016,89(3):63.

[149] BARANOWSKI B. High pressure research on palladium-hydrogen systems [J]. Platinum Metals Review,1972,16(1):10-15.

[150] LI B, DING Y, KIM D Y, et al. Rhodium dihydride (RhH_2) with high volumetric hydrogen density[J]. Proceedings of the National Academy of Sciences of the United States of America,2011,108(46):18618-18621.

[151] SCHELER T,MARQUÉS M,KONÔPKOVÁ Z,et al. High-pressure synthesis and characterization of iridium trihydride[J]. Physical Review Letters,2013, 111(21):215503.

[152] SCHELER T,DEGTYAREVA O,MARQUÉS M,et al. Synthesis and properties of platinum hydride[J]. Physical Review B,2011,83(21):214106.

[153] KALITA P E,SINOGEIKIN S V,LIPINSKA-KALITA K,et al. Equation of state of TiH_2 up to 90 GPa: A synchrotron X-ray diffraction study and ab initio calculations[J]. Journal of Applied Physics,2010,108(4):043511.

[154] HUANG X L,DUAN D F,LI F F,et al. Structural stability and compressive behavior of ZrH_2 under hydrostatic pressure and nonhydrostatic pressure[J]. RSC Advances,2014,4(87):46780-46786.

[155] CHEN C,TIAN F,DUAN D,et al. Pressure induced phase transition in MH_2 (M = V, Nb)[J]. The Journal of Chemical Physics, 2014, 140(11): 114703.

[156] ZERR A,MIEHE G,LI J,et al. High-Pressure synthesis of tantalum nitride

having orthorhombic U_2S_3 structure [J]. Advanced Functional Materials, 2009,19(14):2282-2288.

[157] WEI S L,LI D,LV Y Z,et al. Ground state structures of tantalum tetraboride and triboride:an ab initio study[J]. Physical Chemistry Chemical Physics, 2016,18(27):18074-18080.

[158] HIRABAYASHI M. A calorimetric study of the phase transformation in tantalum hydrides[J]. Transactions of the Japan Institute of Metals,1960,18 (3):155-160.

[159] SIMONOVIĆ B R,MENTUS S V,DIMITRIJEVIĆ R Ž. Kinetic and structural aspects of tantalum hydride formation[J]. Journal of the Serbian Chemical Society,2003,68(8/9):657-663.

[160] WANAGEL J,SASS S L,BATTERMAN B W. The ordering of hydrogen in β-tantalum hydride[J]. Physica Status Solidi 10.1(2010):49-57.

[161] ASANO H,ISHIKAWA Y,HIRABAYASHI M. Single-crystal X-ray diffraction study on the hydrogen ordering in Ta_2H [J]. Journal of Applied Crystallography,1978,11(6):681-683.

[162] ASANO H,UEMATSU S,FUKIURA T. Detection of superlattice reflections from Ta_2H by X-Ray powder diffraction [J]. Transactions of the Japan Institute of Metals,1983,24(10):661-664.

[163] MüLLER H,WEYMANN K. Investigation of the ternary systems Nb-V-H and Ta-V-H[J]. Journal of the Less Common Metals,1986,119(1):115-126.

[164] ITURBE-GARCÍA J L,LÓPEZ-MUÑOZ B E. Synthesis of tantalum hydride using mechanical milling and its characterization by XRD,SEM,and TGA [J]. Advances in Nanoparticles,2014,3(4):159-166.

[165] METHFESSEL M,PAXTON A T. High-precision sampling for brillouin-zone integration in metals [J]. Phys Rev B Condens Matter, 1989, 40 (6): 3616-3621.

[166] LABET V,GONZALEZ-MORELOS P,HOFFMANN R,et al. A fresh look at dense hydrogen under pressure. I. An introduction to the problem, and an index probing equalization of H—H distances[J]. The Journal of Chemical Physics,2012,136(7):074501.

[167] BADER R F W. Atoms in molecules[J]. Accounts of Chemical Research, 1985,18(1):9-15.

[168] HENKELMAN G, ARNALDSSON A, JÓNSSON H. A fast and robust algorithm for Bader decomposition of charge density [J]. Computational Materials Science,2006,36(3):354-360.

[169] TANG W, SANVILLE E, HENKELMAN G. A grid-based Bader analysis algorithm without lattice bias [J]. Journal of Physics: Condensed Matter, 2009,21(8):084204.

[170] PICKARD C J. Metallization of aluminum hydride at high pressures: A first-principles study [J]. Physical Review B Condensed Matter, 2007, 76 (14):144114.

[171] ZUREK E, HOFFMANN R, ASHCROFT N W, et al. A little bit of lithium does a lot for hydrogen[J]. Proceedings of the National Academy of Sciences of the United States of America,2009,106(42):17640-17643.

[172] MOREL P, ANDERSON P W. Calculation of the superconducting state parameters with retarded electron-phonon interaction[J]. Physical Review, 1962,125(4):1263-1271.

[173] MAO W L, MAO H K. Hydrogen storage in molecular compounds [J]. Proceedings of the National Academy of Sciences of the United States of America,2004,101(3):708-710.

[174] LIU Y X,DUAN D F,TIAN F B,et al. Stability and properties of the Ru-H system at high pressure[J]. Physical Chemistry Chemical Physics,2016,18 (3):1516-1520.

[175] LIU Y X, DUAN D F, HUANG X L, et al. Structures and properties of osmium hydrides under pressure from first principle calculation [J]. The Journal of Physical Chemistry C,2015,119(28):15905-15911.

[176] SCHELER T, DEGTYAREVA O, GREGORYANZ E. On the effects of high temperature and high pressure on the hydrogen solubility in rhenium[J]. The Journal of Chemical Physics,2011,135(21):214501.

[177] GAO G Y,BERGARA A,LIU G T,et al. Pressure induced phase transitions in TiH_2[J]. Journal of Applied Physics,2013,113(10):103512.

[178] LIU G T, BESEDIN S, IRODOVA A, et al. Nb-H system at high pressures and temperatures[J]. Physical Review B,2017,95(10):104110.

[179] VANDERBILT D. Soft self-consistent pseudopotentials in a generalized eigenvalue formalism [J]. Physical Review B Condensed Matter, 1990, 41 (11):

7892-7895.

[180]   GONCHAROV A F,TSE J S,WANG H,et al. Bonding,structures,and band gap closure of hydrogen at high pressures[J]. Physical Review B,2013,87 (2):024101.

[181]   LIU Y X, HUANG X L, DUAN D F, et al. First-principles study on the structural and electronic properties of metallic HfH_2 under pressure [J]. Scientific Reports,2015,5:11381.

[182]   GAO G Y,BERGARA A,LIU G T,et al. Pressure induced phase transitions in TiH_2[J]. Journal of Applied Physics,2013,113(10):103512.

[183]   SHANAVAS K V, LINDSAY L, PARKER D S. Electronic structure and electron-phonon coupling in TiH_2[J]. Scientific Reports,2016,6:28102.

[184]   CHAN K T, MALONE B D, COHEN M L. Pressure dependence of superconductivity in simple cubic phosphorus[J]. Physical Review B,2013, 88(88):1336-1340.

[185]   CHAN K T, MALONE B D, COHEN M L. Electron-phonon coupling and superconductivity in arsenic under pressure[J]. Physical Review B,2012,86 (9):094515.